Axel Gutjahr

HOCHBEETE FÜR JEDEN GARTEN

Pflanzen – Pflegen – Ernten

Land & WERKEN

HEEL

HEEL Verlag GmbH
Gut Pottscheidt
53639 Königswinter
Tel.: 02223 9230-0
Fax: 02223 9230-13
E-Mail: info@heel-verlag.de
www.heel-verlag.de

Autor: Axel Gutjahr
Satz und Gestaltung: gb-s Mediendesign, Königswinter
Coverdesign: Axel Mertens, Königswinter
Projektleitung: Helge Wittkopp
Lektorat: Peter Diekmann

Fotos:
© Axel Gutjahr
Mit Ausnahmen von:
© stock.adobe.com: M.Dörr & M.Frommherz (U1 o.), Ruckszio (U1 u.), a (U4 l. o.), Robert Biedermann (U4 u. M.), Eberhard (S. 8), Petra Schueller (S. 9 u.), Milan (S. 10), M.Dörr & M.Frommherz (S. 13 u.), mazolafoto (S. 15 u. l.), chulja (S. 15 u. r.), Mira Drozdowski (S. 17 o.), klemen (S. 17 u.), cobaltstock (S. 18), CHROMORANGE (S. 19 o.), Eileen Kumpf (S. 19 u.), metelevan (S. 20), andrei310 (S. 21 o.), Alex (S. 21 u.), alexbuess (S. 22 o.), OFC Pictures (S. 23), New Africa (S. 25), etfoto (S. 26), Jurga Jot (S. 27 u.), drewsdesign (S. 28 o.), Peter Maszlen (S. 29 o.), dima_pics (S. 30), Eileen Kumpf (S. 31), mahey (S. 35 o.), M. Schuppich (S. 36), bennytrapp (S. 37), orangemocca.foto (S. 38), LianeM (S. 39), Maksim Kostenko (S. 40), Albert Bugaev (S. 41 o.), Fauren (S. 41 u.), Robert Biedermann (S. 43), lantapix (S. 44 o.), etfoto (S. 44 u.), Vladyslav Siaber (S. 45), Bernd Lang (S. 53), dima_pics (S. 54), st1909 (S. 55 u.), tixxio (S. 56 o.), dima_pics (S. 56 u.), pixeldeus (S. 57 u.), Claudia Paulussen (S. 58), tilody16 (S. 59), Superingo (S. 60 o.), samoilova (S. 60 u.), visivasnc (S. 61), orestligetka (S. 63), Ruud Morijn (S. 64), Yingko (S. 67), Елена Захарова (S. 68), Landrausch (S. 71), DLeonis (S. 85), algyte (S. 87), Olivier-Tuffé (S. 88), piyaset (S. 91 u. l.), DLeonis (S. 91 u. r.), RupendraSingh (S. 92 r.), A (S. 93), Martina Berg (S. 95), tendo23 (S. 102 o.), Martin Schlecht (S. 102 u.), LuckyRiga (S. 103), Mira Drozdowski (S. 105 l.), JAG IMAGES (S. 106 o.), Igor (S. 106 u.), sunday pictures (S. 111), Stefan (S. 112 o.), EllSan (S. 112 u.), phanthit malisuwan (S. 113), Martina (S. 116), Julien Rondez (S. 117), skymoon13 (S. 123), alho007 (S. 124), Himmelssturm (S. 125), Michaela Begsteiger (S. 126), Robert Biedermann (S. 127)
© Ina Müller: S. 49

Zeichnungen: © Olaf Schumacher (gb-s Mediendesign)
Mit Ausnahme von:
© Gerber: S. 74

Printed in Latvia
ISBN: 978-3-96664-356-6

Axel Gutjahr

HOCHBEETE FÜR JEDEN GARTEN

PFLANZEN – PFLEGEN – ERNTEN

Land & WERKEN

HEEL

INHALT

1. EINLEITUNG

Gegenwärtig erfreuen sich Hochbeete einer stetig wachsenden Beliebtheit – und das nicht zu Unrecht. Diese Beetform bietet bei der Bewirtschaftung zahlreiche Vorteile und ermöglicht zumeist größere Erntemengen pro Zeiteinheit. Primär kommen diese Beete vor allem bei der Kultivierung von Kräutern, Gemüse sowie Erdbeeren zum Einsatz.

Wer keinen Garten besitzt, muss aber nicht zwangsläufig auf ein Hochbeet verzichten, denn dieses lässt sich auch auf einem Balkon oder einer Terrasse platzieren.

Das vorliegende Buch bietet Ihnen einen umfassenden Einstieg in die „Welt der Hochbeete". Es zeigt Schritt für Schritt, wie man diese sachgerecht anlegt, wo sich optimale Standorte dafür befinden, was es beim späteren Gärtnern zu beachten gilt und welche groben Fehler bei der Bewirtschaftung vermieden werden sollten.

Komplettiert wird das Buch durch Kurzportraits von besonders gern im Hochbeet kultivierten Kräuter- und Gemüsesorten, sowie den damit in Zusammenhang stehenden speziellen Aussaat-/Pflanz-, Pflege- und Ernteempfehlungen.

Viel Spaß beim Gärtnern in Ihrem Hochbeet wünschen der

Heel Verlag und **Axel Gutjahr**.

2. URALTE IDEEN WEITERENTWICKELT

Hochbeete stellen eine Weiterentwicklung des sogenannten Hügelbeetes dar. Bei diesem handelt es sich um eine Beetform mit einem mehr oder weniger ausgeprägten halbkreisförmigen Querschnitt, die bereits seit Jahrtausenden bekannt ist. So legen beispielsweise die Ureinwohner in Papua-Neuguinea seit langer Zeit derartige Beete an, um darauf Süßkartoffeln und anderes Gemüse zu kultivieren. Im Vergleich zu einem „echten" Hochbeet bleiben die Hügelbeete nicht über längere Zeiträume erhalten, sondern fallen nach und nach in sich zusammen.

Als einen weiteren Vorläufer der heutigen Hochbeete kann man auch das Anheben der Beet-Oberflächen ansehen, welches man schon im Mittelalter in verschiedenen Regionen Europas praktizierte. Zu diesem Zweck wurde Schlamm aus Gewässern auf die Beete aufgebracht. Primär diente dieses Aufbringen allerdings nicht der Anhebung der Oberfläche, sondern der Düngung der Beete und somit einer potenziellen Ertragssteigerung.

Seit mehreren Jahrzehnten findet man in zahlreichen Städten auch Grünanlagen und großflächige, mit Blumen und Ziersträuchern bepflanze Beete, die von 30 bis 70 cm hohen Mauern aus Beton und/oder Steinen umgeben sind.

Hügelbeet

Des Weiteren besitzen sowohl viele Gärtnereien als auch Hobbygärtner sogenannte Frühbeete, in denen vor allem Jungpflanzen vorgezogen werden. Oftmals sind derartige Frühbeete nicht ebenerdig angelegt, sondern mit Holzbrettern oder Kunststoffwänden umgeben. Die Höhe dieser Beete variiert in Abhängigkeit von den individuellen Vorlieben zumeist zwischen 25 und 110 cm.

Bewusst oder unbewusst haben in der Vergangenheit viele Hobbygärtner auch ihren Komposthaufen/-behälter als eine Art Hochbeet genutzt, indem sie darauf eine oder mehrere Kürbispflanzen platzierten.

Für das Gedeihen der Kürbispflanzen hatte sich diese Kultivierungsform zwar bestens bewährt – allerdings nicht für die Qualität der Komposterde. Die stark nährstoffbedürftigen Kürbispflanzen verringerten nämlich die Qualität der Komposterde oft erheblich, weil sie enorme Mengen an Mineralien und organischen Nährstoffen aus dieser „herauszogen".

Auch in Kreiseln ließen sich Hochbeete anlegen

Leicht erhöhte Frühbeete

Mit Kürbis-Pflanzen bewachsener Komposter

3. SO VORTEILHAFT SIND HOCHBEETE

Der wichtigste Grund, ein Hochbeet oder auch mehrere zu bewirtschaften, besteht für viele Menschen darin, dass dadurch eine sehr bequeme Arbeitshöhe erreicht wird. Es treten kaum noch Rücken- und/oder Gelenkschmerzen auf, wie sie beim Gärtnern auf ebenerdigen Beeten häufig vorkommen, wenn man über längere Zeit in mehr oder weniger gebückter Haltung oder in der Hockstellung Arbeiten verrichtet.

Positiv ist des Weiteren, dass sich bei sachgemäßer Bewirtschaftung von Hochbeeten höhere Erträge pro Flächeneinheit erzielen lassen als in vergleichbaren ebenerdigen Beeten.

Außerdem lässt sich in einem Hochbeet von Anfang an die Zusammensetzung des Bodensubstrates so gestalten, dass eine sehr hohe Qualität vorhanden ist. Im Unterschied dazu dauert es Jahre oder gar Jahrzehnte, um die Bodenqualität in normalen Gartenböden durch entsprechende bodenverbessernde Maßnahmen (zum Beispiel regelmäßiges Eingraben von Stallmist, Gründünger sowie Ausbringen von Komposterde, Mineraldünger und Kalk) dauerhaft zu steigern.

Zudem ist es möglich, Hochbeete an jeder beliebigen Stelle des Gartens (und damit vorzugsweise an optimalen Standorten) zu platzieren.

Darüber hinaus lassen sich in Hochbeeten als unterste Füllschicht schwer verrottbare Materialien wie Baum- und Heckenschnitt

Mit Hochbeeten lassen sich oft höhere Ernteerträge erzielen

nicht nur einfach entsorgen, sondern sogar sehr sinnvoll nutzen.

Günstig wirkt sich ebenfalls aus, dass man in Hochbeeten das Eindringen von Schädlingen, wie (Nackt)Schnecken und Wühlmäusen, wesentlich besser verhindern kann als in ebenerdigen Beeten.

Erfreulicherweise fallen beim Bewirtschaften von Hochbeeten auch einige körperlich schwere Arbeiten weg, wie etwa das tiefgründige Umgraben mit einem Spaten oder einer Grabgabel. Stattdessen genügt zur Bearbeitung/Lockerung der Oberfläche oft schon eine Handhacke und/oder ein Handgrubber.

Es soll jedoch auch nicht verschwiegen werden, dass beim Bewirtschaften von Hochbeeten ein paar Nachteile auftreten können. Diese werden jedoch zumeist deutlich von den Vorteilen überwogen.

Nachteilig kann (insbesondere für ältere Menschen) das Gießen werden, wenn dieses mit einer großen Gießkanne erfolgen soll. So erweist es sich als recht beschwerlich, eine 10 bis 12 l fassende Gießkanne auf eine Höhe von 90 bis 100 cm zu heben, um anschließend das Beet zu wässern.

Bei Hochbeet-Konstruktionen aus Holz ist es möglich, dass sie im Laufe der Zeit morsch werden und zu faulen beginnen. Dann sind normalerweise Erneuerungen erforderlich.

Bis jedoch derartige unliebsame Veränderungen an einem hölzernen Hochbeet auftreten, vergehen in den meisten Fällen 8 bis 10 oder noch mehr Jahre.

Bei Hochbeeten erweist sich die Arbeitshöhe als günstig

Hölzernes Hochbeet

4. HOCHBEET-VARIANTEN

Auch auf Balkon und Terrasse möglich

Generell lassen sich Hochbeete nicht nur im Garten, sondern auch auf Balkonen und Terrassen aufstellen. Vom Grundprinzip handelt es sich dabei um sehr großvolumige Blumenkästen, die im Unterschied zu den Gartenmodellen fast immer einen geschlossenen Boden mit Wasserabzugslöchern besitzen. Es hat sich bewährt, derartige Hochbeete entweder auf einem niedrigen, jedoch sehr stabilen, regalähnlichen Metallgestell oder auf zwei bis drei Vierkanthölzern zu platzieren. Dadurch wird gewährleistet, dass der Boden des Hochbeetes nicht längere Zeit der Feuchtigkeit ausgesetzt ist und so unter Umständen Fäulnisprozesse begünstigt werden, wenn überschüssiges Gießwasser über die Wasserabzugslöcher austritt.

Ähnlich wie die Gartenmodelle, sollten auch diese kleinen Hochbeete an Standorten platziert werden, wo eine größtmögliche Sonneneinstrahlung vorhanden ist. Außerdem hat es sich als vorteilhaft erwiesen, wenn das Beet in der Nähe einer Hauswand aufgestellt wurde. Die von der Wand abgestrahlte Wärme wirkt sich dann zusätzlich begünstigend auf das Wachsen und Gedeihen der im Hochbeet kultivierten Pflanzen aus.

Spezielles Augenmerk muss man bei den „Balkon- und Terrassen-Hochbeeten“ auf eine ausreichende Wasserversorgung richten. So bevorzugen die meisten in Hochbeeten kultivierten Arten einen soge-

Edaphon

Unter dem Edaphon versteht man den Großteil der im Boden lebenden tierischen und pflanzlichen Organismen. Es umfasst vor allem enorme Mengen an mikroskopisch kleinen Bakterien, sonstigen Einzellern, Algen, Pilzen, Fadenwürmern, Springschwänzen, Käfern und Regenwürmern. Letztere helfen durch ihre Grabaktivitäten, den Boden zu lockern, wodurch mehr Luft in diesem zirkulieren kann. Außerdem tragen sie gemeinsam mit dem übrigen Edaphon dazu bei, dass größere organische Bestandteile, beispielsweise abgestorbene Blätter und Wurzeln, langsam zu Humus zerlegt werden.

nannten „frischen Boden". Dabei handelt es sich um eine humusreiche, immer schwach feuchte Erde. Ein Nachteil von auf Balkonen und Terrassen platzierten Hochbeeten besteht leider darin, dass sich in der vorhandenen Erde nur ein begrenztes Edaphon etablieren kann, da – im Unterschied zu den Garten-Hochbeeten – keine Verbindung zum Erdreich vorhanden ist.

Modell aus einem Gartenmarkt

Kaufen oder selbst bauen?

Letztlich muss jeder selbst entscheiden, ob er das Hochbeet als Fertigmodell im Baumarkt oder die Selbstbau-Variante bevorzugt. In den meisten Fällen ist der Eigenbau von Hochbeeten allerdings günstiger als der Kauf handelsüblicher Modelle.

Außerdem bieten selbstgebaute Hochbeete den Vorteil, dass man nicht zwangsläufig die standardisierten Varianten akzeptieren muss, sondern hinsichtlich der Abmessungen individuelle Vorstellungen verwirklichen kann.

Allerdings sollte im Vorfeld darüber nachgedacht werden, ob man neben der erforderlichen Zeit zum Bau auch über das entsprechende handwerkliche Geschick verfügt. Doch selbst wenn letzteres weniger ausgeprägt ist, muss trotzdem nicht unbedingt auf „Marke Eigenbau" verzichtet werden.

So bieten zahlreiche Bau- und Gartenfachmärkte den Kunden (häufig sogar kostenfrei) an, Bretter und Kanthölzer passgenau zu sägen. Danach besitzt man sozusagen einen kompletten Bausatz, der nur noch zusammengeschraubt werden muss.

Ein schon „halbfertig" geliefertes sowie errichtetes Hochbeet

Der nachfolgende Bausatz stellt ein selbst entworfenes Musterbeispiel dar, das sich problemlos nach individuellen Vorstellungen verändern lässt:

- 4 Vierkanthölzer mit den Abmessungen 10 x 10 x 80 cm
- 8 Bretter (für die beiden Längsseiten) mit den Abmessungen 250 x 20 x 2,5 cm
- 8 Bretter (für die beiden Breitseiten) mit den Abmessungen 100 x 20 x 2,5 cm

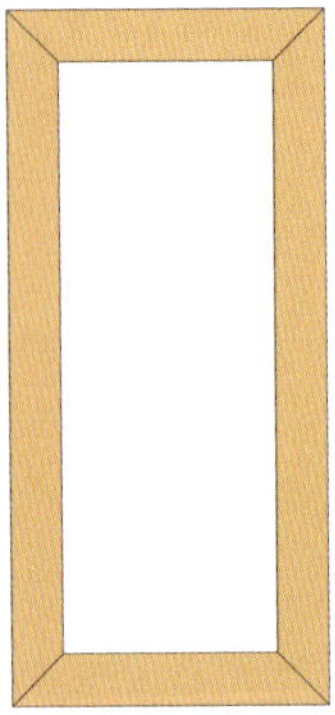

Typische rechteckige Form eines Hochbeetes (Draufsicht)

Insbesondere bei Hochbeeten, die mit einer Noppenfolie ausgekleidet werden sollen, hat sich als Auflage eine rahmenartige Bretterkonstruktion erwiesen. Diese schraubt man auf das Hochbeet. Hierzu sind zwei Bretter von 250 x 10 x 1,5 cm erforderlich. Die Ecken dieser Bretter werden so zugeschnitten, dass sie danach ohne Lücken aneinanderstoßen (siehe nebenstehende Draufsichtskizze).

Diese Rahmenkonstruktion stellt einen attraktiven optischen Abschluss dar, weil man danach die Befestigungsstellen für die Noppenfolie nicht mehr sieht. Gleichzeitig fungiert sie als willkommene Ablage für Gartengeräte, mit denen die Bearbeitung des Hochbeetes erfolgt. Ebenso lässt sich beim Ernten eine Schüssel oder ein Korb auf diesen Rahmen stellen.

Mit Noppenfolie ausgekleidetes Hochbeet

Welches Material darf es sein?

Letztlich muss jeder Gartenfreund selbst entscheiden, welches Material für ein künftiges Hochbeet favorisiert wird. Als Entscheidungshilfe werden nachfolgend die Vor- und Nachteile der jeweiligen Materialien aufgezeigt.

Die meisten Hochbeete bestehen aus Holz oder Kunststoff. Manchmal sind diese Materialien in einen stabilen Metallrahmen integriert. Eine spezielle Holzvariante stellen Hochbeete dar, die im Eigenbau aus Europaletten zusammengezimmert wurden.

Darüber hinaus ist es möglich, Hochbeete aus Natur- oder Ziegelsteinen zu mauern. Derartige Modelle werden aber oftmals nicht in der für Hochbeete sehr typischen Rechteckform, sondern als Kräuterspiralen (siehe hierzu das folgende Kapitel) gebaut.

Holz ist bekanntlich ein natürliches Material, dessen „Lebensdauer“ sich durch ein Imprägniermittel deutlich erhöhen lässt. Dabei haben sich Öle und Wachse als besonders vorteilhaft erwiesen. Diese Mittel schützen das Holz nicht nur vor Nässe, welche Regen und Schnee bringen, sondern verhindern auch weitgehend Insektenfraß. Außerdem verleihen sie dem Holz einen Schutz gegen starke UV-Strahlung, die im Laufe der Zeit ebenfalls eine zerstörerische Wirkung entfaltet.

Für diejenigen Gartenfreunde, die ihr Hochbeet selbst bauen möchten und dafür Materialien aus dem Baumarkt holen, bietet es sich an, auf dampfimprägniertes Holz zurückzugreifen.

Als besonders witterungsbeständige Hölzer haben sich Robinie (die nicht selten

Hochbeet aus Europaletten

Noch nicht befülltes Hochbeet aus Europaletten

Hochbeet aus Natursteinen

Hochbeet aus zusammensteckbaren Kunststoffelementen

unter der falschen Bezeichnung „Akazie" angeboten wird), Eiche und Buche (diese Hölzer sind aber recht teuer) sowie Douglasie und Lärche erwiesen. Bei den beiden letztgenannten Arten handelt es sich um Nadelhölzer, deren Witterungsbeständigkeit vor allem auf ihrem hohen Harzgehalt basiert.

Hochbeete aus Kunststoff benötigen kaum Pflege und lassen sich bei Verschmutzungen besonders gut reinigen. Im Unterschied zu Holzmodellen besteht keine Fäulnisgefahr und außerdem sind sie vor Insektenfraß absolut sicher. Im Laufe der Zeit werden allerdings die meisten Kunststoffe durch die UV-Einstrahlung spröde und bleichen aus, wodurch die Hochbeete dann etwas unansehnlich werden. Außerdem ist die Entsorgung von kaputten und nicht mehr verwendeten Kunststoff-Hochbeeten keineswegs umweltfreundlich.

Wer sich trotzdem für ein Hochbeet aus Kunststoff entscheidet, sollte ein dunkles Modell wählen, weil dieses besser die von der Sonne ausgesendeten Wärmestrahlen absorbiert. Allerdings haben fast alle Kunststoffe den Nachteil, dass sie sich zwar schnell erwärmen, aber rascher auskühlen als Holz.

Die Kräuterspirale – eine Variante des Hochbeetes

Wie bereits kurz erwähnt, kann man Kräuterspiralen als eine Sonderform des Hochbeetes ansehen. Zumeist sind Kräuterspiralen aus Natur- oder Ziegelsteinen gemauert beziehungsweise aufgeschichtet. Dagegen trifft man Konstruktionen aus Holz wesentlich seltener an.

Oftmals wird beim Bau von Kräuterspiralen ein Teil der äußersten Steinschicht etwas in die Erde eingelassen, um als Fundament zu dienen. Je nach individueller Vorstellung wird entweder nur eine kreisförmige Mauer errichtet und der Innenbereich hügelartig mit Erde aufgefüllt oder man platziert innerhalb des Baus weitere kleine Mauern in Spiralform, die zum Zentrum hin leicht ansteigen. Die letztgenannte Variante besitzt den Nachteil, dass durch die im Innenbereich befindlichen Mauern viel Beetfläche verlorengeht. Vorteilhaft ist hingegen, dass durch die Spiralform einige mehr oder weniger separate Bereiche entstehen. Dadurch kann man wuchsfreudige Pflanzenarten besser von schwachwüchsigen separieren. So bepflanzt, besteht kaum die Gefahr, dass schwachwüchsige Arten von konkurrenzstarken Nachbarpflanzen über- beziehungsweise zugewuchert werden.

Beispiel einer Kräuterspirale

TIPP

Wer sich für den Bau einer Kräuterspirale entscheidet, sollte unter dieser unbedingt eine gut funktionierende Drainage installieren, denn die meisten Kräuter mögen keine Staunässe.

Eine Kiesschicht unter der künftigen Kräuterspirale dient als Drainage

Das Hochbeet als Frühbeet-Variante

Frühbeete kann man sowohl dazu nutzen, Jungpflanzen (die später pikiert werden) vorzuziehen, als auch dazu, verschiedene Arten, beispielsweise Kopfsalat, deutlich früher als üblich zur Erntereife zu bringen.

Indem man das Hochbeet mit gerahmten Glasscheiben oder transparenter Folie abdeckt, funktioniert es wie ein kleines Gewächshaus. Dadurch ist die durchschnittliche Temperatur höher als außerhalb des Hochbeetes. Zusätzlich zur vorhandenen Wärme weist das Frühbeet einen hohen Feuchtigkeitsgrad auf (der Fachmann spricht dann von gespannter Luft). Beide Parameter begünstigen ein schnelleres Pflanzenwachstum.

Gleichzeitig ist aber auch darauf zu achten, dass es im Frühbeet nicht zu heiß wird. So erweisen sich Temperaturen von 28 bis 35 Grad noch als wachstumsgünstig. Danach treten allmählich erste Veränderungen in den Eiweißstrukturen der Pflanzen auf, wodurch das Wachstum stagniert. Außerdem begünstigt eine zu hohe Luftfeuchtigkeit das Auftreten von Pilzkrankheiten.

Um dem entgegenzuwirken, sollte regelmäßiges Lüften des Frühbeetes erfolgen. Zu diesem Zweck wird die Abdeckung des Frühbeetes 20 bis 25 cm angehoben und in

Beim Pikieren

Das Pikieren

Sobald vorgezogene Jungpflanzen eine Wuchshöhe von 2 bis 3 cm erreicht haben, ist es sinnvoll, sie zu pikieren. Das Wort „pikieren" ist französischen Ursprungs und bedeutet so viel wie „stechen". Ziel des Pikierens ist es, die Jungpflanzen zu vereinzeln, indem man jede von ihnen in einen kleinen, mit Anzuchterde befüllten Blumentopf setzt. Diese spezielle Erde ist nährstoffarm und bringt deshalb die Pflanzen dazu, ein dichtes, kräftiges Wurzelnetz zu bilden. Dadurch wird nicht nur das spätere Anwachsen im Beet erleichtert, sondern auch eine gute Basis für eine reichliche Nährstoff- und Wasseraufnahme geschaffen.

Beim Pikieren hebelt man die Pflanzen mithilfe eines kleinen Holzspatels vorsichtig aus den Reihen. Dabei sollten möglichst viele Wurzeln an den Jungpflanzen bleiben. Wurzeln, die sich direkt unter den Pflanzen befinden und kaum biegen lassen, sollte man erhalten, während längere „Bärte" mit den Nägeln von Daumen und Zeigefinger abgekniffen werden. Dieses Abkneifen wirkt sich stimulierend auf das weitere Wurzelwachstum aus. Da die Wurzeln bei Jungpflanzen sehr schnell austrocknen, sind diese nach dem Pikieren sofort in die mit feuchter Zuchterde bereitgestellten Blumentöpfe zu setzen.

dieser Position am besten mit einem Holzscheit, -brett oder ähnlichem Gegenstand fixiert. Anschließend kann die Luft im Frühbeet ausreichend zirkulieren, wobei überschüssige Feuchtigkeit weggetragen wird. Beim Bewirtschaften der meisten Frühbeete hat es sich bewährt, diese an wärmeren Tagen etwa von 12 bis 17/18 Uhr zu belüften. Danach schließt man die Abdeckung wieder und sorgt so dafür, dass auch während der Nachtstunden noch reichlich Wärme im Frühbeet erhalten bleibt.

Als besonders günstig hat es sich erwiesen, wenn ein Frühbeet nicht nur nach Süden ausgerichtet ist (sodass es möglichst viel Sonneneinstrahlung erhält), sondern sich auch in direkter oder zumindest unmittelbarer Nähe einer Hauswand befindet. Dadurch wird die von der Hauswand abgestrahlte Wärme als Gratisfaktor für das Wachstum der Pflanzen im Frühbeet genutzt.

Kopfsalat im Frühbeet

Ein Frühbeet wird belüftet

5. SCHÄDEN ABWENDEN

Regenwurm bei der „Arbeit“

Schadnager nein, Regenwürmer ja

Verständlicherweise ist kein Gartenfreund daran interessiert, dass sich Schadnager in seinen Hochbeeten einnisten. Um das Erscheinen von derartig unliebsamen „Gästen“ von vornherein zu vermeiden, hat es sich bewährt, ein engmaschiges Drahtgitter unter Hochbeete zu legen, die keine Bodenfläche besitzen. Dafür eignen sich am besten Gitter, die eine Maschenweite von 0,5 bis 1 cm aufweisen. Durch ein derartig engmaschiges Gitter können keine Schadnager eindringen, wohl aber Regenwürmer und sonstige Lebewesen des Edaphons, welche die weitere Umsetzung des halbverrotteten Materials im Hochbeet vorantreiben.

HINWEIS

Beim Platzieren des Hochbeetes ist akribisch darauf zu achten, dass zwischen diesem und dem Gitter tatsächlich keinerlei Ritzen vorhanden sind, die es Schadnagern doch noch ermöglichen, in das Beet einzudringen. In diesem Zusammenhang wird des Öfteren unterschätzt, dass jungen Schadnagern bereits Ritzen von weniger als 2 cm zum Eindringen genügen.

Schneckenabwehr

Weder die Spanische Wegschnecke, *Arion lusitanicus*, noch die ebenfalls zu den Nacktschnecken gehörenden Ackerschnecken, *Agriolimacidae*, sind bei Gartenfreunden beliebt. Und das aus gutem Grund. Diese überwiegend dämmerungs- und nachtaktiven Tiere, die während der hellen Tagstunden ihre Verstecke fast nur bei Regenwetter verlassen, können an zahlreichen Nutzpflanzen erhebliche Schäden verursachen. Die Schnecken fressen mitunter junge/kleine Pflanzen binnen weniger Stunden bis zur Unkenntlichkeit ab. Außerdem hinterlassen sie an den Pflanzen transparente Schleimspuren. Derartige Hinterlassenschaften animieren nicht gerade dazu, die ohnehin schon angefressenen Pflanzen noch in der Küche zu verwenden.

Die beste Variante, diese „Plagegeister“ von den Kulturen im Hochbeet fernzuhalten, besteht darin, ein selbstklebendes Kupferband (in Gartenfachmärkten erhältlich) anzubringen. Die Montage muss so erfolgen, dass danach der obere Rand des Hochbeetes komplett umschlossen ist. Für die Schnecken stellt dieses Kupferband eine Barriere dar, über die sie nicht kriechen.

Allerdings ist es ratsam, trotz eines angebrachten Kupferbandes nicht zu unbekümmert zu sein, weil sich beim Befüllen/Nachfüllen des Hochbeetes zuweilen Schnecken und/oder Schneckeneier im Füllmaterial/Erdreich befinden. Deshalb sollte man zumindest anfangs kontrollieren, ob doch ein paar Nacktschnecken im Hochbeet „ihr Unwesen“ treiben und diese gegebenenfalls sofort entfernen.

Stark von Nacktschnecken angefressene Kohlpflanze

Zur Abwehr von Schnecken wird ein Kupferband angebracht

Mit einem Vogelnetz überzogenes Hochbeet

Engmaschiges Gittergestell, um Vögel vom Fressen abzuhalten

Bei Bedarf übernetzen

Sowohl für gemulchte Flächen, als auch für frisch umgegrabene, respektive mit frischer Erde befüllte Beete, zeigen vor allem Amseln eine große Affinität. Auf der Suche nach Nahrung (insbesondere nach Regenwürmern und anderem Kleingetier) befördern sie oft mehr oder weniger große Mengen an Erde/Mulch aus dem Hochbeet. Nicht selten werden mit der Erde auch gerade aufgelaufene Jungpflanzen oder Samen herausgeworfen, die unmittelbar zuvor ins Hochbeet gebracht wurden.

Und damit nicht genug. Hauptsächlich Amseln, aber auch einige andere Gartenvögel, naschen mit großer Begeisterung reife Erdbeeren. Dabei konzentrieren sie sich häufig leider nicht nur auf einzelne Früchte, sondern hacken reihum zahlreiche Exemplare an, wonach diese nicht mehr besonders appetitlich aussehen.

Ähnlich wie Amseln und andere Vogelarten verursachen auch bestimmte Insekten sowie deren Larven Schäden an den Pflanzen. Um das zu vermeiden, kann ein handelsübliches (sehr feinmaschiges) Insektennetz über das Hochbeet gespannt werden. Dabei ist es wichtig, dass das Netz sehr eng an der Ummantelung des Beetes anliegt, sodass keine Eintrittspforten mehr bestehen, durch welche kleine Insekten hindurchkriechen können.

Ebenso ist es möglich, ein mit Draht bespanntes Holzgestell über das Hochbeet zu stülpen, welches ebenfalls „ungebetene Gäste" fernhält.

Alles, nur keine Staunässe!

Für die meisten Pflanzen erweist sich Staunässe als „Gift". Sie ruft eine Verdichtung des Erdreichs hervor, wodurch in diesem deutlich weniger Luft zirkulieren kann. Außerdem begünstigt sie Fäulnisprozesse.

Während auf sehr sandreichen Gartenböden das Regen- und Gießwasser relativ schnell versickert, ist das auf einem stark tonhaltigen Untergrund häufig nicht der Fall. Wenn in Ihrem Garten vorwiegend eine derartige, als schwerer Boden bezeichnete Erdschicht vorhanden ist, hat es sich bewährt, eine Drainage unter dem Hochbeet zu installieren.

Für die Drainage hebt man das Erdreich unter dem künftigen Standort des Hochbeetes einen reichlichen Spatenstich tief aus und füllt die entstandene Mulde mit sehr grobem Kies und/oder stark zerkleinertem Ziegelbruch auf. An zwei oder drei Stellen wird Kies und/oder Ziegelbruch auf einer Fläche von 15 x 15 cm ausgespart. Diese Bereiche füllt man mit lockerer Erde auf, welche als Eintrittspforten dienen, über die Regenwürmer das Hochbeet später besiedeln können.

Staunässe muss am besten bereits bei der Anlage eines Hochbeetes verhindert werden

6. JE BESSER DER STANDORT, DESTO HÖHER DIE ERTRÄGE

Gut für das Hochbeet ist ein stark humushaltiges, mineralstoffreiches Bodensubstrat

Analog wie auf jedem ebenerdigen Gartenbeet wird die Ertragsmenge auch in einem Hochbeet von einer Reihe biotischer und abiotischer Einflussfaktoren bestimmt. Je besser diese den Pflanzen zusagen und miteinander harmonieren, desto höher fallen in aller Regel die Erträge aus.

Der Boden

Den wichtigsten Einflussfaktor auf die Ertragshöhe stellt der Boden dar. Er fungiert nicht nur als bloßer Standort, in dem die Pflanzen mit ihren Wurzeln Halt finden und Wasser aufnehmen können, sondern auch als Nährstoffreservoire. In diesem Zusammenhang ist es wichtig, dass der Boden genügend Mineralien in Form sogenannter Mengen- und Spurenelemente enthält, welche die Pflanzen über ihre Wurzeln aus dem Erdreich ziehen.

Zu den Mengenelementen, von denen zur durchschnittlichen Erzeugung pro kg Pflanzenmasse mehr als 20 mg benötigt werden, gehören Stickstoff, Magnesium, Schwefel, Phosphor, Kalium und Kalzium (umgangssprachlich auch als Kalk bezeichnet). Im Unterschied dazu liegt der Bedarf an Spurenelementen, von denen vor allem Eisen, Mangan, Bor, Zink, Kupfer, Kobalt, Vanadium, und Molybdän verfügbar sein müssen, normalerweise deutlich unter 20 mg/kg Pflanzenmasse.

Um zu verhindern, dass durch die kontinuierliche Aufnahme der Mengen- und Spurenelemente der Boden allmählich auslaugt, sind regelmäßige Düngungen erforderlich, um auf diese Weise dessen Nährstoffreservoire wieder aufzufüllen.

Ein weiterer, ganz entscheidender Qualitätsparameter des Bodens ist dessen Humusgehalt. Dabei handelt es sich um die Gesamtheit der strukturlosen Masse des Bodens, die im Laufe der Zeit aus dem Abbau von pflanzlichen und tierischen Resten entsteht. Dieser Abbau erfolgt vor allem durch das Edaphon, wobei als Endprodukte ebenfalls Mengen- und Spurenelemente mit anfallen. Darüber hinaus begünstigt ein hoher Humusgehalt die Feinheit des Bodens, indem er maßgeblich dazu beiträgt, dass dieser eine hohe Krümelstruktur aufweist. Diese trägt wiederum dazu bei, dass eine für die Pflanzen vorteilhafte Luftzirkulation im Erdreich vorhanden ist und sich der Boden rascher erwärmt.

Die Wasserversorgung

Zum Gießen fangen viele Gartenfreunde Regenwasser in Tonnen und/oder Zisternen auf. Dadurch wird nicht nur Leitungswasser gespart und der Geldbeutel geschont, sondern das aufgefangene Wasser hat oft

Durch Dünger werden die Nährstoff-Reservoire wieder aufgefüllt

Neben Nährstoffen benötigen Pflanzen vor allem Wasser

noch den Vorteil, dass es bei der Entnahme relativ warm ist.

Derartig vorgewärmtes Wasser mögen die meisten Pflanzen deutlich lieber als jenes, das kalt aus der Leitung kommt.

Vor allem in Jahren, in denen es weniger regnet sowie an heißen Tagen ist es wichtig, die Pflanzen im Hochbeet kontinuierlich mit Gießwasser zu versorgen. Dabei müssen die Gießmengen so bemessen werden, dass das Wasser die Wurzeln erreicht und somit tatsächlich pflanzenwirksam wird. Aus diesem Grund ist es sinnvoller, die Hochbeete lieber alle 2 bis 3 Tage kräftig zu gießen anstatt nur die Erdoberfläche zu „beträpfeln", denn dann gelangt das Wasser oft nicht bis zu den Pflanzenwurzeln.

TIPP

Während sehr warmer und zugleich trockener Witterungsphasen sollte man möglichst den Grundsatz beherzigen: Feuchte Hochbeete und eine leere Regentonne sind besser als eine volle Tonne und trockene Beete.

Des Weiteren hat es sich als ungünstig erwiesen, wenn das Gießen während der heißen Mittagsstunden erfolgt, weil dann deutlich mehr Wasser ungenutzt verdunstet als in den Morgen- oder Abendstunden. Darüber hinaus gilt es, beim Gießen die speziellen Vorlieben der einzelnen Arten zu beachten. So mögen es beispielsweise Tomatenpflanzen überhaupt nicht, wenn ein Gießen „über Kopf" erfolgt. Durch das dabei auf die Blätter treffende Wasser wird die Entwicklung der bei Tomatenpflanzen sehr gefürchteten Braunfäule begünstigt.

Wenn Jungpflanzen, wie etwa Kopfsalat oder Kohlrabi, ins Hochbeet gesetzt werden, unterlassen manche Gartenfreunde das Angießen.

Doch dieses Angießen erweist sich für das weitere Wachstum der Pflanzen häufig als enorm wichtig. Neben einer Erstwasserversorgung dient es vor allem dazu, dass möglichst viel von jener Luft entweicht, die sich direkt an den Wurzeln/Wurzelballen befindet. Dadurch können die feinen Wurzelhärchen sofort ins umgebende Erdreich greifen und „hängen nicht erst einige Zeit frei in der Luft".

Letztlich wird durch das Angießen der Stress für die neu gesetzten Pflanzen verringert. Je schneller nämlich die Pflanzen in der neuen Umgebung mit der Aufnahme von Wasser und Nährstoffen beginnen können, desto besser verkraften sie diese Stresssituation.

Die Regentonne stellt ein Gratis-Wasserreservoire für das Hochbeet dar

Angießen ist für frisch gepflanzte Jungpflanzen elementar!

Der pH-Wert eines Bodens ist für Gärtner mit Leichtigkeit zu ermitteln

Der pH-Wert des Bodens

Die Rolle, die der pH-Wert für das Wachsen und Gedeihen der Pflanzen hat, wird oftmals unterschätzt oder völlig außer Acht gelassen. Um jedoch maximale Erträge zu liefern, benötigen die meisten Gartenpflanzen einen pH-Wert, der zwischen 6,5 und 7,2 liegt.

Unter dem pH-Wert versteht man den negativen dekadischen Logarithmus der Wasserstoffionenkonzentration. Einfacher ausgedrückt gibt er an, ob das Bodensubstrat sauer, alkalisch oder neutral reagiert. Die Ermittlung des pH-Wertes kann schnell und einfach mit preiswerten handelsüblichen Teststreifen erfolgen.

Dieser dichte Bohnenbestand sorgt für eine hervorragende Schattengare

Dazu ist es nur erforderlich, einen Teststreifen auf das feuchte Erdreich zu drücken. Durch einen Vergleich der Verfärbung des Teststreifens mit der Farbskala auf der Verpackung lässt sich der pH-Wert anschließend mühelos ablesen. Stellt man dabei fest, dass der pH-Wert deutlich unter 6,5 liegt, sollte unbedingt eine Anhebung durch Kalk- und Magnesiumdüngergaben erfolgen. Derartige Düngungen dürfen aber auch nicht gänzlich unterlassen werden, wenn sich der pH-Wert des Bodens im optimalen Bereich befindet. Stattdessen sind in größeren zeitlichen Abständen und unter Einsatz von weniger Dünger sogenannte Erhaltungskalkungen durchzuführen, wodurch der optimale pH-Wert länger erhalten bleibt.

Die Schattengare

Von einer ausreichenden Schattengare wird gesprochen, wenn große Bereiche der Bodenoberfläche vom Schattenwurf der darauf befindlichen Pflanzen überdeckt werden. Die Schattengare trägt zur Erhaltung und Verbesserung der Bodenfruchtbarkeit bei, indem sie nicht nur ein schnelleres Austrocknen des Erdreichs verhindert, sondern auch die Reduktion des Humusgehaltes verlangsamt. In diesem Zusammenhang hat es sich bewährt, wenn im Hochbeet nahezu ganzjährig Pflanzenaufwuchs vorhanden ist. Ist das aus irgendeinem Grund nicht möglich, sollte das Hochbeet aber zumindest während der gesamten Hauptwachstumsperiode (die sich im Wesentlichen von Mitte/Ende März bis Ende Oktober/Anfang November erstreckt) nie längere Zeit brach liegen.

Sonneneinstrahlung

Die meisten Gemüse- und Kräuter-Arten sind ausgesprochene „Sonnenkinder". Aus diesem Grund hat es sich als äußerst günstig erwiesen, die Hochbeete an Stellen zu platzieren, an denen sie eine maximale Sonneneinstrahlung erhalten. Letztere ist die Basis für die Fotosynthese, welche in zwei Teilprozessen abläuft, die als Licht- und Dunkelreaktion bezeichnet werden. Der im Rahmen der Fotosynthese entstehende Zucker, der letztlich die Voraussetzung für die Ertragsbildung darstellt, wird aber nur in der Dunkelphase synthetisiert. Die Ausgangsmaterialien für diese Synthese entstehen dagegen während Lichtreaktionen. Das hat zur Folge, dass die Voraussetzungen für eine maximale Ertragsbildung umso besser sind, je mehr Sonneneinstrahlung auf die Pflanze trifft.

Beete in die Sonne heben

Stellenweise befinden sich Beete in unmittelbarer Nähe von Hecken. Diese schützen die betreffenden Beete zumeist recht gut vor starken Winden. Wenn jedoch die Hecke so angepflanzt wurde, dass die Sonneneinstrahlung frontal (von Süden) auf diese trifft, liegt das Beet komplett im (kühleren) Norden. Die Pflanzen auf dem Beet erhalten dann weniger Wärme und Licht, welches für die Fotosynthese äußerst wichtig ist. Dadurch verzögert/verringert sich das Pflanzenwachstum, woraus spätere Ertragseinbußen resultieren.

Hinzu kommt, dass die Hecke mit den Pflanzen des Beetes um Wasser und Nährstoffe konkurriert. Aus diesem Konkurrenzkampf geht die Hecke fast immer als „Sieger" hervor.

Je mehr Sonnenwärme, desto besser die Erträge!

Indem ein solches, sich direkt hinter einer Hecke befindliches ebenerdiges Beet zu einem Hochbeet umgewandelt wird, verhindert man nicht nur diesen Konkurrenzkampf.

Gleichzeitig – und das ist der entscheidende Aspekt – hebt man (insofern die Hecke nur eine Wuchshöhe von 80 bis 90 cm aufweist) die Oberfläche des Beetes so

In die Sonne gehobene (Hoch)beete

stark an, dass künftig die Sonne direkt daraufscheint. Die Beet-Oberfläche erwärmt sich dann nicht nur schneller, sondern den darauf stehenden Pflanzen ermöglicht der Gärtner dadurch auch eine intensivere Fotosynthese.

Wärme als Wachstumsfaktor

In der Natur wachsen in den Wintermonaten nur äußerst wenige Pflanzen, während der größte Teil eine Art „Winterruhe“ durchläuft. Die Ursachen für diese Stagnationsphase liegen neben der enormen Verringerung der hellen Tagesstunden vor allem an den sehr niedrigen Temperaturen.

Auch die meisten Gartenpflanzen zeigen erst bei Umgebungstemperaturen von über 8 bis 10 Grad ein deutlich erkennbares Wachstum. Hierbei besteht ein enger Zusammenhang zu der van’t Hoffschen Temperaturregel, welche auch als RGT-Regel bezeichnet wird. Diese besagt, dass alle Stoffwechselprozesse bei einer Temperaturerhöhung um 10 Grad doppelt bis dreimal so schnell ablaufen (vorausgesetzt, diese Erhöhung nähert sich dem von der jeweiligen Pflanzenart bevorzugten Temperaturoptimum). Somit würde also eine Pflanze bei einer Temperatur von 28 Grad 6 bis 9 Mal so schnell wachsen wie bei 8 Grad.

Diesbezüglich dürften die meisten von uns schon einmal beobachtet haben, wie nach einer längeren kühlen Witterungsphase und einem darauf folgenden deutlichen Temperaturanstieg beispielsweise Kresse und Spinat binnen weniger Tage regelrecht zu „schießen“ beginnen.

So entsteht eine „Fußbodenheizung“

Vom Prinzip her ist es durchaus möglich, Hochbeete nur mit Komposterde oder bereits völlig verrotteter Lauberde zu füllen. Allerdings handelt es sich dabei dann mehr oder weniger um den Typ des Kaltbeetes.

Viele Gartenfreunde favorisieren jedoch den Typus Warmbeet. Zu diesem Zweck füllen sie als unterste Lage eine 10 bis

TIPP

Damit das Hochbeet in kalten Frühlings- und Herbstnächten weniger schnell auskühlt, bietet sich während dieser Zeit - vor allem bei der Pflege von etwas empfindlicheren Kulturen - das Abdecken mit einem Vlies an. Der Isolierungseffekt des Vlieses lässt sich noch erhöhen, indem man von diesem mehrere Lagen übereinanderlegt.

Vlies ist sowohl in den Farben Braun als auch Weiß erhältlich. Letzteres wird von zahlreichen Gartenfreunden besonders gern genommen, weil es eine stärkere Lichtdurchlässigkeit aufweist.

15 cm starke Schicht aus grob zerschnittenen Zweigen, Holzhäckseln, Stroh und/oder Laub in das Hochbeet. (Foto 1)

Diese Schicht fungiert in erster Linie als eine Art „Isoliermatte“. Sie verhindert, dass Kälte in größerem Umfang aus dem darunter befindlichen Boden in das Hochbeet vordringt.

Auf die „Isoliermatte“ füllt man eine 35 bis 45 cm starke Schicht aus nur teilweise verrottetem Kompost. (Foto 2 bis 4)

Alternativ lässt sich auch Rinder- und Pferdemist oder frischer Grasschnitt verwenden. Sollte man sich für eine Grasschicht entscheiden, ist es ratsam, das Beet damit bis zum Rand zu füllen. Außerdem sollte diese Schicht durch Andrücken noch zusätzlich etwas „kompakter“ gemacht werden. Danach wartet man 4 bis 7 Tage. Während dieser Zeit sackt die Grasschicht sehr stark zusammen. Dabei entwickelt sich eine Menge Wärme im Inneren dieser Lage. Anschließend bringt man als Deckschicht ausgesiebte Komposterde oder gute Gartenerde auf. (Foto 5)

Als Füllmaterial ungeeignet

Verständlicherweise sollte man für das Füllmaterial weder Teile von erkrankten Gehölzen noch von sonstigen mit Krankheiten behafteten Pflanzen verwenden. Derartiges Material verliert oftmals auch im Hochbeet nicht seine krankmachende Wirkung, sondern infiziert mitunter sogar dessen Pflanzen.

Deren Oberfläche zieht man am besten mit Hilfe eines breiten Brettes plan. Danach steht einer sofortigen Aussaat oder dem Setzen von Jungpflanzen nichts mehr im Wege.

4

Bei der anhaltenden Zersetzung des in der mittleren Schicht befindlichen Materials entsteht in der Folgezeit weitere Wärme. Entsprechend den physikalischen Gesetzmäßigkeiten hat Wärme das Bestreben aufzusteigen. Dadurch wird die oberste (Komposterde)-Schicht erwärmt, sodass die Pflanzen dauerhaft „warme Füße" bekommen. Diese wohlige Wärme stimuliert sie zu einem schnelleren und kräftigeren Wachstum. Zusätzlich absorbieren die Seitenwände des Hochbeetes Wärme und geben sie an das im Inneren befindliche Material ab.

5

Durch den in den folgenden Monaten weiter ablaufenden Verrottungsprozess sinkt das Füllmaterial im Hochbeet immer stärker ab. Aus diesem Grund ist es erforderlich, im folgenden Jahr den durch das Absenken auftretenden Verlust mit Komposterde auszugleichen.

Vor dem Auffüllen besteht auch die Möglichkeit, zunächst noch weiteres Material (etwa einen Spatenstich tief) aus dem Hochbeet herauszunehmen. Für dieses Material füllt man erneut kaum verrotteten Kompost, Rinder- beziehungsweise Pferdemist oder frischen Grasschnitt in das Hochbeet und deckt anschließend (Kompost)-Erde darüber. Auf diese Weise hat man erneut eine „Fußbodenheizung" in dem Hochbeet installiert.

HINWEIS

Wenn die mittlere Lage des Hochbeetes aus Stallmist besteht, sollten im ersten Jahr keine tiefer wachsenden Wurzelgemüse-Arten, wie Karotten oder Schwarzwurzeln, angebaut werden. Durch den Mist erhöht sich die Gefahr, dass diese Gemüsearten dann von Würmern befallen werden.

7. WAS MAN SONST NOCH BRAUCHT

Praktische Geräte

Für die meisten im Hochbeet anfallenden Arbeiten haben sich statt der langstieligen (für den klassischen Beetgarten üblichen) Utensilien kleine Handgeräte mit relativ kurzen Stielen als besonders ergonomisch erwiesen.

Das erforderliche Geräteset sollte neben einer Gießkanne einen Grubber, eine Japanische Pflanzhacke (die sich sehr vielseitig verwenden lässt), ein Minirechen und ein Pflanzholz umfassen. Mit letzterem lassen sich auch Saatreihen ziehen.

Als Alternative kann man zum Einrichten der Reihen auch einen alten Besenstiel oder eine Dachlatte verwenden, die im Idealfall sogar passgenau auf die Maße des Hochbeetes zurechtgesägt wird. Dieser „Reiheneinrichter" wird auf die Erde im Hochbeet gelegt und mit etwas Kraft angedrückt. Nach dem anschließenden Herausnehmen hat man eine sehr gerade verlaufende Saatreihe.

Ein Komposter sollte nicht fehlen

Unabhängig davon, ob man Hochbeete bewirtschaftet oder nur ebenerdige Beete besitzt – ein Komposter sollte in keinem Nutzgarten fehlen. In ihm werden Abfälle aus Küche (wie etwa Eier- und Kartoffelschalen) und Garten zu hochwertigem, in aller Regel nährstoffreichem Material umgewandelt, das als Dünger sowie Bodenverbesserer dient.

Geschredderte Gartenabfälle

In den letzten Jahrzehnten haben viele Gartenfreunde ihre einstigen Stangenkomposter durch Thermokomposter ersetzt, weil in letzteren der Umsetzungsprozess der zu kompostierenden Materialen deutlich schneller abläuft. Trotzdem sollte man auch von diesem Typ des Komposters keine Wunder erwarten. So warben manche Hersteller mit Prospekten, in denen stand: „Kompostierfähiges Material einfüllen und nach 14 Tagen fertigen Kompost entnehmen“! Letzterer sah in den Prospekten oft sogar wie beste Schwarzerde aus. In der Gartenpraxis funktioniert eine derartige Kleinkompostierung nicht in derartig kurzen Zeiträumen. Erst recht nicht, wenn der fertige Kompost so aussehen soll, wie in den Prospekten angepriesen.

Thermokomposter

Allerdings bestehen einige Möglichkeiten, den Kompostierungsprozess zu beschleunigen. So sollte das zu kompostierende Material immer möglichst klein geschreddert sein. Dadurch wird die Oberfläche vergrößert und bietet dem Edaphon mehr Angriffsfläche. Des Weiteren kompostieren sehr trockene Materialien (etwa Falllaub) schneller, wenn man sie mit wasserreichen Komponenten mischt, zum Beispiel mit Rasenschnitt oder Karottengrün.

Eine weitere Möglichkeit besteht darin, eine handelsübliche Starterkultur (oft als Schnellkomposter bezeichnet) in den Komposter zu geben, die sich stimulierend auf die Entwicklung und Vermehrung der Mikroorganismen auswirken.

Generell läuft die Kompostierung in einem Kleinkomposter umso besser ab, je mehr Füllmasse er enthält.

Dadurch steigt die Temperatur im Kompostmaterial, wodurch die weitere Umsetzung gemäß der van't Hoffschen Temperaturregel schneller voranschreitet. Steht nur sehr trockenes Füllmaterial zur Verfügung, sollte man dieses kräftig mit einer Gießkanne besprengen und dabei mehrfach gut durchmischen. Mit dieser Erhöhung der Feuchtigkeit werden dem Edaphon bessere Voraussetzungen für ein „effizientes Arbeiten“ geboten.

Je mehr Füllmasse, desto effizienter „arbeitet“ der Komposter

Wie bereits bekannt, lässt sich aus dem Komposter halb verrottetes Material entnehmen, um damit eine „Fußbodenheizung“ im Hochbeet zu installieren. Selbstverständlich kann man aber auch warten, bis der Kompost komplett durchgerottet ist. Danach erfolgt ein Aussieben. Die dabei gewonnene Erde eignet sich ideal als Deckschicht für das Hochbeet. Außerdem kann man sie auch auf der Oberfläche von ebenerdigen Beeten verteilen, um dadurch deren Bodenqualität zu erhöhen.

Mulchen – ja oder nein?

Als Mulchen bezeichnet man das Ausbringen verschiedener organischer Materialien auf den Beeten. Zu diesen Materialien gehört neben Stroh, frischem Hecken- sowie Rasenschnitt und Falllaub vor allem der Klassiker – klein geschredderte Borke (die gewöhnlich die Handelsbezeichnung „Rindenmulch“ trägt).

Insofern die Mulchschicht mindestens 3 bis 5 cm stark ist, bleibt die Feuchtigkeit wegen der dann verringerten Verdunstungsrate länger im Boden erhalten. Damit wird für das Edaphon eine ähnlich positive Wirkung erzielt wie durch die Schattengare. Allerdings verhindert/erschwert eine derartig starke Mulchung auch das Auflaufen von Sämereien, wie etwa Radieschen, die dann mitunter nicht die Kraft haben, sich durch die Schicht „zu quälen“. Aus diesem Grund bietet sich Mulch primär für Hochbeete an, in denen schon etwas größere Jungpflanzen, wie etwa Kopfsalat, Sellerie und Kohlrabi, eingesetzt werden.

Des Weiteren verhindert/verzögert eine Mulchschicht die Entwicklung von Unkräutern, weshalb man dann deutlich seltener und weniger Jäten muss. Außerdem verrottet die Mulchschicht im Laufe der Jahre und liefert dabei Mineralstoffe, die zur Erhöhung der Bodenfruchtbarkeit beitragen.

Ein Nachteil besteht zuweilen darin, dass Nacktschnecken, die mit dem Erdreich ins Hochbeet gelangt sind, die Mulchschicht gern als Tagesverstecke nutzen und ihre Eier darin ablegen.

Durch die Mulchschicht wird dann eine schnelle Bekämpfung der Schnecken erschwert und teilweise auch verzögert.

Wie bereits kurz erwähnt, treiben manche Vogelarten, allen voran Amseln, Besitzer von gemulchten Hochbeeten regelrecht

Weniger geeignet

Für die Beetabdeckung eignet sich allerdings weniger gut solcher Mulch, der aus stark säuerehaltigen Baumarten, wie Erle und Eiche, hergestellt wurde. Beim Verrotten beziehungsweise Auswaschen durch die auftreffenden Niederschläge gelangen diese Säuren ins Erdreich, wo sie pH-Wert-senkend und dadurch ertragsmindernd wirken.

Nacktschnecken fühlen sich in einer Mulchschicht wohl

zur Verzweiflung, indem sie in/unter der Mulchschicht nach Kleingetier suchen. Dabei gehen besagte Amseln nicht gerade rücksichtsvoll mit dem Mulch um, sondern befördern beim Durchwühlen oft größere Mengen aus dem Hochbeeet. Der Verdruss des Gartenfreundes wächst zumeist noch, wenn der ins Hochbeet zurückgeräumte Mulch nach ein paar Stunden erneut von Amseln herausgeworfen wird.

8. DIE BEWIRTSCHAFTUNG DES HOCHBEETES

Unkräuter stellen Nahrungs-, Licht- und Platzkonkurrenten für Nutzpflanzen dar. In selteneren Fällen übertragen sie auch Krankheiten und/oder fungieren als Zwischenwirte oder Futterpflanzen für Schädlinge, wodurch sie deren Vermehrung/Entwicklung begünstigen.

Erfreulicherweise siedeln sich in Hochbeeten zumeist weniger Unkräuter an als in ebenerdigen Beeten. Unabhängig davon ist es aber auch bei der Bewirtschaftung der Hochbeete ratsam, den Grundsatz „Wehret den Anfängen" zu beherzigen. Manche Arten sind dabei recht gut „getarnt". Beispielsweise „verstecken sich" Acker-Gänsedisteln, *Sonchus arvensis*, gern zwischen dicht stehenden Buschbohnen und Karotten.

Um eine Unkrautansiedlung weitgehend zu verhindern, ist es ratsam, die Pflanzenbestände in den Hochbeeten mindestens einmal pro Woche sehr gründlich zu inspizieren. Entdeckte Unkräuter werden sofort mitsamt der Wurzel herausgezogen.

Tiefwurzlern rückt man mit einem Unkrautstecher zu Leibe

Bei Tiefwurzlern, wie etwa Löwenzahn, die sich vermutlich schon etwas längere Zeit zwischen den Nutzpflanzen, wie etwa Erdbeeren, „versteckt" haben, sollte das Entfernen mit einem Unkrautstecher erfolgen.

Durch dessen Verwendung bestehen bessere Chancen, die Wurzeln komplett zu entfernen, sodass sich das betreffende Unkraut nicht wieder aus im Boden verbliebenen Wurzelbruchstücken regenerieren kann.

Zu jenen Arten, die in der Lage sind, sich aus sehr kleinen, abgebrochenen Wurzelstockteilen zu regenerieren, gehört auch die äußerst unliebsame Quecke, *Elymus repens*. Aufgrund der enormen Regenerationsfähigkeit dieses Unkrauts sollte nie der Fehler begangen werden, dessen frische Wurzeln beziehungsweise Bruchstücke davon in den Komposter zu werfen. Stattdessen hat es sich bewährt, diese Wurzelteile auf einer Stein- oder Kunststoffunterlage mehrere Tage in die Sonne zu legen, bis sie völlig ausgetrocknet sind und somit das „Leben" aus ihnen gewichen ist. Anschließend kann man sie völlig bedenkenlos in den Komposter geben.

Mitunter erfolgt in Hochbeeten zu wenig oder gar keine Lockerung der obersten Bodenschicht. Aber ein regelmäßiges Auflockern der Erde mit einer Handhacke oder einem kleinen Grubber ist äußerst wichtig, um Höchsterträge zu erzielen.

Durch das Hacken wirkt man einer Verkrustung der Oberfläche entgegen. Dadurch können sowohl Luft als auch Regen-/Gießwasser besser und schneller in tiefere Erdschichten vordringen. Insbesondere nach einem längeren Starkregen neigt die Erdoberfläche zur schnellen Verkrustung und benötigt dann eine möglichst rasche Auflockerung.

Regelmäßige Bodenlockerung verbessert die Ertragshöhe

Zur Bewirtschaftung des Hochbeetes gehört auch das regelmäßige Gießen. Siehe dazu das Kapitel „Die Wasserversorgung", in dem diese Pflegearbeiten ausführlich erläutert wurden.

Für die Erzielung von Höchsterträgen sind (je nach Kulturart) innerhalb der Wachstumsphase 1 bis 3 Mineraldünger-Gaben empfehlenswert. Dabei sollte man nicht nach dem Prinzip „Viel hilft viel" düngen, sondern die Düngergaben so bemessen, wie diese auf den Verpackungshinweisen des Herstellers empfohlen werden. Düngermengen, die zu viel verabreicht wurden, können von den Pflanzen nicht mehr aufgenommen werden – was faktisch einem Verschenken von Geld gleichkommt. Im Extremfall werden die Kulturen durch zu übermäßige Mineraldünger-Gaben derartig stark geschädigt, dass sie zu kümmern beginnen oder sogar eingehen.

Ausgesiebte Komposterde kann immer als Dünger und Bodenverbesserer ausgebracht werden

Was dagegen immer erfolgen kann, ist das Ausbringen von (überschüssiger) ausgesiebter Komposterde.

Diese wird einfach auf der Hochbeet-Oberfläche ausgestreut und ein wenig mit einem Handrechen oder kleinen Grubber eingearbeitet.

Das Ausbringen von Komposterde ist auch ratsam, wenn ein Hochbeet komplett abgeerntet wurde und eine sofortige Neubepflanzung/Neuaussaat erfolgen soll.

Zu den Pflanzen, die nicht nur im Hochbeet ein besonders großes Potenzial zur Bodenverbesserung besitzen, gehören Bohnen und Erbsen. Bei beiden Arten handelt es sich um Hülsenfrüchtler, die auch als Leguminosen bezeichnet werden und eine der artenreichsten Pflanzenfamilien innerhalb der Schmetterlingsblütenartigen sind.

Eine Besonderheit der Leguminosen besteht darin, dass sie in Symbiose (Lebensgemeinschaft zweier Arten zum gegenseitigen Vorteil) mit nützlichen Knöllchenbakterien leben. Letztere befinden sich auf den Wurzeln der Leguminosen und sind in der Lage, große Mengen an Luftstickstoff zu binden. Von diesem geben die Knöllchenbakterien den Hauptteil an die Leguminosen ab. Im Gegenzug erhalten die Bakterien einen Teil jener Kohlenhydrate, den die Leguminosen im Rahmen ihrer Fotosynthese produzieren.

Aufgrund des hohen Stickstoffgehaltes in den Leguminosen sollte man nie den Fehler begehen, sie nach der Ernte aus dem Boden zu ziehen und anschließend zu entsorgen. Das wäre eine Verschwendung von Gratis-Stickstoffdünger. Wesentlich sinnvoller ist es, die Pflanzen sofort nach

Bohnen sind Leguminosen, die helfen, mineralischen Stickstoffdünger einzusparen

Im Unterschied zu den Leguminosen, zieht unter anderem Grünkohl viel Stickstoff aus dem Boden

dem Abernten behutsam im Hochbeet einzugraben und auf diese Weise sowohl die Stickstoff- als auch die Humusbilanz des Bodens zu verbessern. Um dann den im Boden reichlich vorhandenen Stickstoff bestmöglich zu nutzen, empfiehlt es sich, nach Erbsen beziehungsweise Bohnen eine stark zehrende Pflanzenart, beispielsweise Grünkohl, anzubauen. Im Unterschied zu den Leguminosen zieht unter anderem Grünkohl viel Stickstoff aus dem Boden.

9. DER FRUCHTFOLGENPLAN

Karotten gehören zu den Hauptfrüchten, während sich die schnellwüchsigen Radieschen vor allem als Vor- und Nachfrüchte gut eignen

Um Ertragseinbußen zu vermeiden, sollten über mehrere Jahre hinweg keinesfalls immer die gleichen Kulturen beziehungsweise sehr eng miteinander verwandte Arten in einem Hochbeet platziert werden. Damit steigt die Gefahr, dass der Boden stärker „auslaugt", weil die Pflanzen dann bestimmte Nährstoffe, beispielsweise Bor, in überdurchschnittlich großen Mengen herausziehen. Hinzu kommt, dass viele Pflanzen Substanzen ins Erdreich abgeben, die in den folgenden Jahren auf eng verwandte Arten wachstumshemmend wirken. Schwächliches Wachstum bedeutet wiederum eine größere Stressanfälligkeit, wodurch für Krankheiten und Parasiten bessere Chancen bestehen, sich erfolgreich auf den betreffenden Pflanzen anzusiedeln.

Um das zu vermeiden, ist die Erstellung eines Fruchtfolgeplans sehr sinnvoll. Ganz allgemein versteht man unter einer Fruchtfolge jene Abfolge, in der Gartenpflanzen auf einem Beet angebaut werden. In diesem Zusammenhang lassen sich die verschiedenen Gartenpflanzen in Haupt-, Vor- und Nachfrüchte unterteilen. Zu den Hauptfrüchten rechnet man jene Arten, die während des Großteils der Vegetationsperiode auf dem Beet verbleiben. Hierzu gehören beispielsweise Sellerie, Schwarzwurzel und Karotte.

Bei den Vor- und Nachfrüchten handelt es sich um schnellwüchsige Arten, die bereits bei etwas niedrigeren Temperaturen relativ zügig wachsen. Beispiele für diese Kulturen sind Spinat, Radieschen, Kopfsalat, Gartenkresse und die auch als Rucola bezeichnete Salatrauke. Man kann diese Früchte beispielsweise vor jenen Arten kultivieren, die erst nach den sogenannten Eisheiligen (15. Mai) ins Hochbeet gesetzt werden, wie etwa Auberginen, Tomaten- und Gurkenpflanzen.

Ebenso ist es möglich, Nachfrüchte im Anschluss an Kulturen anzusäen/anzupflanzen, deren Ernte Mitte/Ende Juli abgeschlossen wird.

Um einen auf Höchsterträge optimierten Fruchtfolgeplan zu erstellen, ist es wichtig, zu wissen, welche Kulturen gut miteinander harmonieren und welche man besser nicht nacheinander anbauen sollte. Das folgende Schema bietet dafür eine Hilfestellung.

Auberginen-Pflanzen dürfen erst nach den Eisheiligen ins Hochbeet gesetzt werden

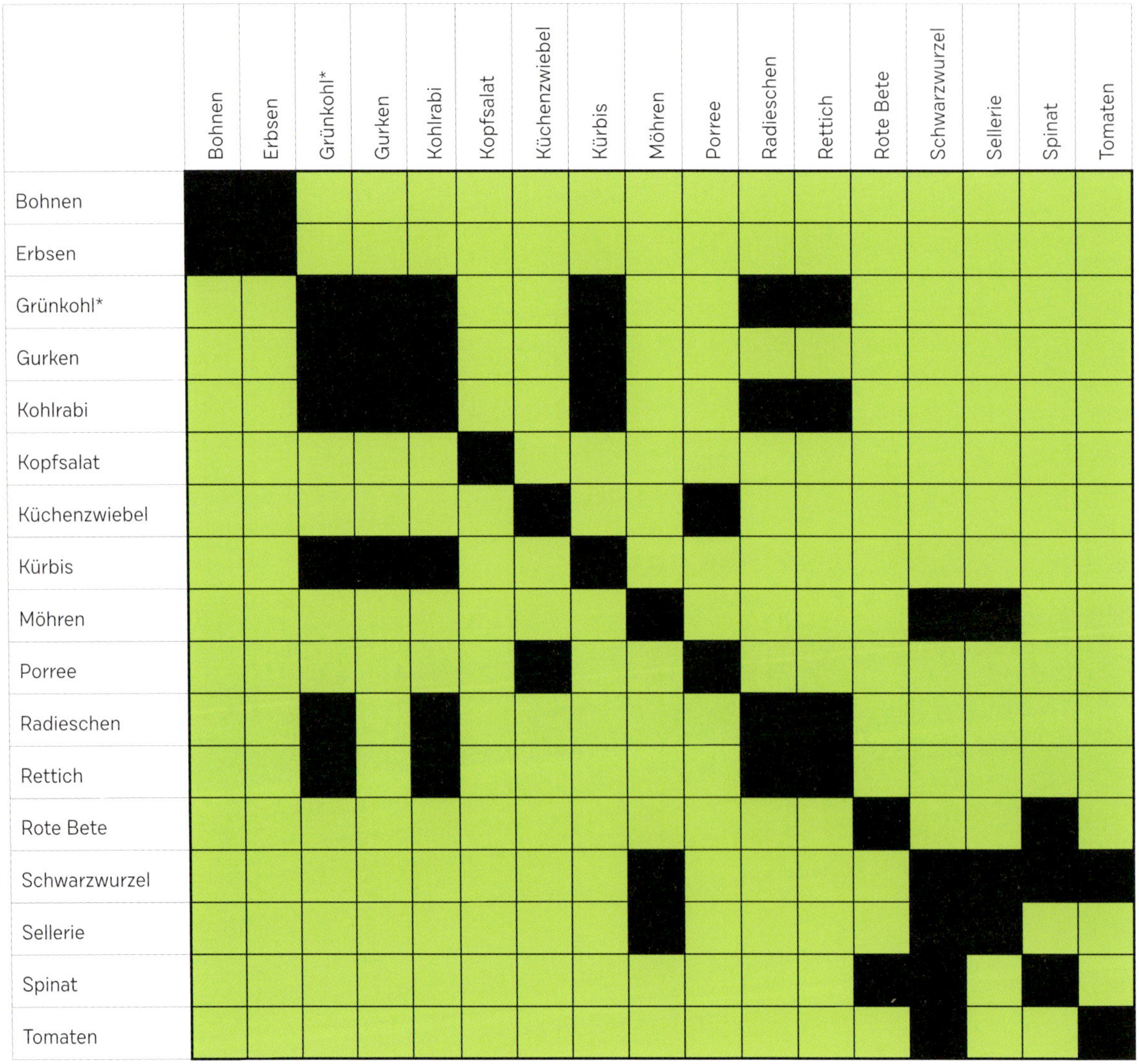

Als Vor- und Nachfrucht geeignet

Als Vor- und Nachfrucht kaum geeignet

*trifft auch auf andere Kohlarten zu, wie etwa Wirsing und Rosenkohl

10. SIE MÜSSEN NICHT UNBEDINGT INS HOCHBEET

Viele Gartenfreunde haben nicht ihre gesamte Gartenfläche mit Hochbeeten bestückt, sondern nur einen Teil davon. In derartigen Fällen wird oft überlegt, welche Pflanzen man nicht unbedingt im Hochbeet platzieren muss. Zu dieser Kategorie gehören vor allem jene Arten, die entweder sehr viel Platz benötigen und/oder sehr anspruchslos, aber trotzdem recht wuchs- und/oder vermehrungsfreudig sind.

Bei den Gemüsearten sind das vor allem Kürbisse, Rhabarber sowie Zucchini und bei den Kräutern Bärlauch, Borretsch, Liebstöckel, Meerrettich, Pfefferminze und Zitronenmelisse.

Bärlauch

Allium ursinum, wird häufig auch als Wilder Knoblauch bezeichnet. Es handelt sich dabei um ein ausdauerndes Zwiebelgewächs, das sehr eng mit der Küchenzwiebel, dem Schnittlauch sowie dem Knoblauch verwandt ist. Der Bärlauch ist ein Frühlingsgewächs, dessen Vegetationsphase sich von Ende März bis Ende Juni erstreckt. Im Unterschied zu den meisten anderen Nutzpflanzen bevorzugt er keine vollsonnigen, sondern halbschattige bis vollschattige Standorte. Außerdem benötigt Bärlauch zum Gedeihen wesentlich weniger Wärme als die meisten Nutzpflanzen. Deshalb bietet er sich sehr gut als Unterwuchs für Laubgehölze an, die relativ spät ihre Blätter und Blüten schieben.

Sobald sich ein dichter, nestartiger Bestand etabliert hat, besteht die wichtigste Pflegemaßnahme oft darin, ihn „im Zaum zu halten", denn Bärlauch ist extrem vermehrungsfreudig. Für das „im Zaum halten" sticht man vorzugsweise jene Randbereiche des Bestandes ab, die sich zu stark entwickelt haben.

Borretsch

Borretsch, *Borago officinalis*, ist auch unter der Bezeichnung „Gurkenkraut" bekannt. Es handelt sich um eine einjährige krautige Pflanze, die nicht selten über 1 m hoch wird. Wenn man die Samen von 3 bis 5 Exemplaren ausreifen lässt, sät sich der Borretsch an seinem bisherigen Standort beziehungsweise in dessen Nähe fast immer von selbst aus – und das gewöhnlich sehr üppig. In diesem Fall ist es sogar ratsam, einige Exemplare bereits im Jugendstadium zu entfernen und nur so viele heranwachsen zu lassen, wie in der Küche tatsächlich benötigt werden.

Borretsch hat sich als sehr gute Partnerpflanze für Gurken und Zucchini erwiesen, weil er die Insekten anlockt, die zur Bestäubung der Blüten dieser Gemüsepflanzen erforderlich sind.

Kürbis

Der Kürbis, *Cucurbita pepo*, gehört zu den wuchsfreudigsten Gemüsepflanzen. Er bildet schnellwüchsige Ranken, die pro Tag bis 15 cm an Länge zunehmen und mit großen ausladenden Blättern besetzt sind. Diese Ranken werden im Normalfall mehrere Meter lang. Schon aus diesem Grund eignet sich der auch als Gartenkürbis bezeichnete Kürbis weniger für ein Hochbeet. Es sei denn, man beabsichtigt die Ranken aus dem Hochbeet auf den Gartenboden zu leiten. Im Vergleich zu den eng verwandten Gurken sind die Ansprüche, die Kürbisse an den Boden und das Klima stellen, nicht ganz so hoch.

Besonders gut gedeihen Kürbisse in nährstoffreichen Böden, die zuvor möglichst mit reichlich Stallmist gedüngt wurden. Um überdurchschnittlich große Früchte zu erzielen, hat es sich außerdem bewährt, dem Kürbis während der Wachstumsphase 2 bis 3 Mal mineralischen Dünger zu verabreichen, der neben Stickstoff, Phosphor und Kali auch Kalk enthält. Dabei ist darauf zu achten, dass in diesem Dünger keine Chlorbestandteile vorhanden sind.

Kürbisse werden normalerweise nicht im Freiland ausgesät. Stattdessen erfolgt die Pflanzung von vorgezogenen Exemplaren, die man aufgrund ihrer Frostempfindlichkeit aber erst nach den Eisheiligen ins Freiland setzen darf. Wer selbst Kürbisse ziehen möchte, muss dazu Ende März/ Anfang April Samen 3 cm tief in Anzuchterde stecken. Die Aussaatbehälter stellt man in einen hellen Raum, in dem die Temperatur mindestens 20 Grad (besser mehr) beträgt. Beim Auspflanzen im Freiland sollten die Abstände zwischen zwei Kürbissen mindestens 1 m betragen.

Um „Riesenkürbisse" zu erzielen, ist es ratsam, an jeder Pflanze nur 2 bis 3 Früchte reifen zu lassen. Die überzähligen Früchte schneidet man ab, sobald sie Faustgröße erreichen. Zwischen Ende September/Mitte Oktober werden die Kürbisse erntereif.

Liebstöckel

Bei dem auch als Maggikraut bezeichneten Liebstöckel, *Levisticum officinale*, handelt es sich um eine langlebige Staude, die zusammen mit Petersilie, Schnittlauch, Basilikum und Dill zu den „Basisküchenkräutern" gehört und deshalb in keinem Garten fehlen sollte. Im Extremfall wird Liebstöckel bis zu 2 m hoch und erreicht dann eine sehr kompakte, fast strauchartig wirkende Wuchsform.

Obwohl sich diese Pflanze auf vollsonnigen Standorten am wohlsten fühlt, gedeiht sie auch an halbschattigen Standorten noch sehr zufriedenstellend. Abgesehen von regelmäßigem Gießen und einer kräftigen Komposterdegabe im Herbst, benötigt der Liebstöckel kaum weitere Pflege.

Meerrettich

Meerrettich, *Armoracia rusticana*, wird vielerorts auch als Kren bezeichnet. Obwohl der Gärtner ihn zu den Gemüsearten zählt, werden die fein geriebenen Wurzeln dieser langlebigen Staude fast nur zum (scharfen) Würzen von Speisen verwendet. Am wohlsten fühlt sich der Meerrettich an vollsonnigen Standorten, die ein sehr feuchtes, tiefgründiges, nährstoffreiches Bodensubstrat aufweisen. Hervorzuheben sind der sehr hohe Stickstoff- und Kaliumbedarf dieser Staude.

Sagen dem Meerrettich die Standortbedingungen zu, zeichnet er sich oftmals durch ein sehr üppiges Wachstum aus. Reste, auch von sehr kleinen Wurzelstücken, sollte man nie in den Komposter werfen, weil sie

darin oft überdauern. Bei einer Entnahme von Kompost besteht dann die Gefahr, den Meerrettich ungewollt im Garten zu verteilen.

Meerrettich wird normalerweise nicht ausgesät. Stattdessen erfolgt sein Anbau, indem Wurzelstücke, die man fachmännisch als Fechser bezeichnet, schräg in den Boden (in einem Winkel von etwa 45 Grad) eingegraben werden.

Die beste Erntezeit erstreckt sich von Ende September bis Mitte April. Dann werden die erforderlichen Mengen an Wurzeln ausgegraben. Anschließend ist es wichtig, die im Boden verbleibenden Wurzeln wieder reichlich mit Erde zuzudecken.

Pfefferminze

Von verschiedenen Minzen-Arten, wie etwa Ananas-, Apfel- und Grüne Minze, wird die Pfefferminze, *Mentha × piperita*, am häufigsten im Garten kultiviert. Diese Staude neigt nicht nur zu üppigem Wachstum, sondern hat sich auch als extrem regenerationsfreudig erwiesen. So wachsen kleine Bruchstücke des Wurzelstocks rasch zu neuen Pflanzen heran. Aus diesem Grund ist es nicht ratsam, abgestochene Wurzelteile, die von einem Pfefferminzbestand stammen, in den Komposter zu geben. Diese Teile überdauern und schlagen sehr schnell wieder aus, wenn sie mit halb verrottetem Kompost beziehungsweise Komposterde im Garten ausgebracht werden.

Um eine ungehemmte Ausbreitung von Minzen zu vermeiden, ist es ratsam, diese in einen großen Kübel zu pflanzen, dessen Boden zuvor entfernt wurde. Den oberen Rand dieses Kübels lässt man mindestens 12 bis 15 cm aus dem Boden ragen. Dadurch wird es der Minze erschwert, aus dem Kübel „zu springen“ und sich in dessen Umgebung anzusiedeln. Trotzdem sollte man regelmäßig kontrollieren, ob nicht einige Wurzelstockteile der Minze versuchen, über den Rand zu wandern. Derartige „Ausreißer“ schneidet man dann sofort ab.

Rhabarber

Beim Rhabarber, *Rheum rhabarbarum*, handelt es sich um eine langlebige, äußerst robuste Staude, die auf tiefgründigen, nährstoffreichen, vollsonnigen Standorten am besten gedeiht. Auf besonders hohe Erträge darf man hoffen, wenn der Rhabarber jährlich oder zumindest alle 2 Jahre eine großzügige Stallmistgabe, vorzugsweise von Rind und Pferd, erhält. Außerdem muss man Rhabarber stets ausgiebig mit Gießwasser versorgen, wobei er jedoch keinen staunassen Untergrund haben möchte.

Bei der Ernte des Rhabarbers ist zu beachten, dass die Stängel nicht abgeschnitten, sondern abgebrochen werden. Dabei sollte man nie einen „Kahlschlag" durchführen, sondern mindestens immer etwa ein Drittel der Blätter und Stängel an der Pflanze belassen, damit sie sich in der Folgezeit gut regeneriert. Wenn Rhabarber einen oder mehrere Blütenstände bildet, ist/sind diese(r) sofort herauszubrechen. Geschieht das nicht, investiert der Rhabarber in der Folgezeit deutlich mehr Kraft in die Entwicklung der Blüten als in das Dicken- und Längenwachstum seiner Stängel.

Zitronenmelisse

Die Zitronenmelisse, *Melissa officinalis*, ist eine langlebige Staude, die sich zu einem dichten, büschelartigen Bestand entwickelt. Sie kann bis zu 90 cm hoch werden. Ihre Populärbezeichnung resultiert daraus, dass ihre Blätter, die gern in frische Salate integriert werden, ein feines Zitronenaroma aufweisen.

Ähnlich wie die Minzen besitzt auch die Zitronenmelisse ein enormes Ausbreitungsbedürfnis. Aus diesem Grund empfiehlt es sich, sie ebenfalls in einem bodenlosen Kübel zu platzieren, der zuvor eingegraben wurde.

Zucchini

Ein wenig übertrieben gesagt, kann man der Zucchini, *Cucurbita pepo subsp. pepo convar. giromontiina*, fast dabei zuschauen, so schnell wachsen ihre gurkenähnlichen Früchte.

Aufgrund der fehlenden Frosthärte dürfen die vorgezogenen Jungpflanzen allerdings erst nach den Eisheiligen (etwa 15. Mai, wenn keine Bodenfröste mehr auftreten) ins Freiland gesetzt werden. Der Standort sollte sich vorzugsweise in der Vollsonne befinden. Außerdem benötigt die Zucchini einen lockeren, humusreichen Boden und muss regelmäßig (im Hochsommer oftmals täglich) kräftig gegossen werden.

Zucchinis haben einen sehr hohen Nährstoffbedarf. Deshalb ist es von Vorteil, wenn man kurz vor der Pflanzung reichlich Stallmist untergräbt und während der Wachstumsphase weitere drei (Mineral)dünger-Gaben erfolgen.

11. OPTIMALE AUSNUTZUNG DER HOCHBEET-FLÄCHE

Um größtmögliche Erträge auf den Hochbeeten zu realisieren, ist es erforderlich, die vorhandene Fläche optimal auszunutzen. Dabei sollte man allerdings nicht den Fehler begehen und die Pflanzen zu eng platzieren. Insbesondere bei Kulturen, die große, nach allen Seiten ausladende Blätter hervorbringen, wie etwa Grünkohl und Sellerie, hat es sich bewährt, diese so auf dem Beet anzuordnen, dass sie eine maximale Fotosynthese leisten können. Diese ist eine der wichtigsten Voraussetzungen für die Bildung von Biomasse und somit für einen hohen Ernteertrag. Letzterer wird vermindert, wenn sich mehr oder weniger große Blattbereiche benachbarter Exemplare überlagern und gleichzeitig Stellen auf dem Beet vorhanden sind, die nicht von Blättern überdeckt werden. Indem man diese Pflanzen nicht in Reihen, sondern auf „Lücke versetzt" platziert, lässt sich oft mehr Raum für die ausladenden Blätter schaffen. Als Nebeneffekt wirkt sich eine derartige Anordnung positiv auf die Schattengare aus, weil dann auf dem Beet weniger nicht beschattete Bereiche vorhanden sind.

Gemüse-Hochbeete

Bei dieser Kultivierungsvariante hat man die Wahl, nur eine Pflanzenart im Hochbeet zu pflegen oder Mischkulturen anzubauen. Letztere können in der Weise erfolgen, dass man entweder mehrere Gemüsearten gleichzeitig in einem Beet kultiviert oder diese mit Kräutern kombiniert.

Jeder muss aber letztlich selbst überlegen, ob Rein- oder Mischkulturen die favorisierte Anbauform sind, denn beide weisen sowohl Vor- als auch Nachteile auf.

Ein Vorteil der meisten Reinkulturen besteht darin, dass die Pflanzen annähernd zum gleichen Zeitpunkt die Erntereife erreichen. Nach der Ernte kann die gesamte Hochbeet-Fläche für die Aussaat/das Anpflanzen der nächsten Kultur vorbereitet werden.

Des Weiteren erweist sich die Bewässerung des Beetes als sehr einfach, weil die Pflanzen keine unterschiedlichen Ansprüche hinsichtlich der Wassermenge haben. Ähnlich verhält es sich mit der Düngerversorgung. Denn alle Pflanzen benötigen dann die gleichen Nährstoffe.

Ein Nachteil ist darin zu sehen, dass bei manchen Kulturen, die als Jungpflanzen gesetzt werden, fast immer eine Zeit lang größere Bereiche der Beet-Oberfläche brachliegen. Ein Beispiel hierfür ist das Einsetzen von jungen Tomatenpflanzen ins Hochbeet. Bis die Tomaten herangewachsen sind, vergehen mehrere Wochen. Die dann noch vorhandenen Flächen lassen sich allerdings effektiv nutzen, indem man ein schnellwüchsiges Gemüse, beispielsweise Radieschen, Kopfsalat oder Kresse, zwischen den Tomatenpflanzen anbaut. Normalerweise erreichen solche frohwüchsigen Gemüsearten die Erntereife (und können somit aus dem Beet entfernt werden), bevor die Tomaten diesen Platz für sich beanspruchen.

Gemüsemischkultur-Hochbeet

Ein Vorteil der Mischkulturen besteht darin, dass sich Pflanzen vergesellschaften lassen, von denen zumindest eine Art Krankheiten und/oder Schädlinge von der anderen fernhält. Beispielsweise wirkt

Für im Hochbeet stehende Tomaten eignen sich Radieschen sehr gut als Untersaat

Rosmarin wirkt gegen Karottenfliegen

Basilikum in Mischkulturen mit Tomaten, Gurken und Kohl gegen Mehltau und die Weiße Fliege. Wird Rosmarin in der Nähe einer Karottenkultur platziert, verhindert er einen Befall durch Karottenfliegen.

Nachteilig erweist sich in diesen Mischkulturen mitunter, die spezifischen Wasser- und Nährstoffansprüche (vor allem bei Düngergaben) sämtlicher Arten ideal zu befriedigen. Werden mehr als fünf Kulturen auf einer Hochbeet-Fläche von rund 2 x 1 m angebaut, kann es nach der Ernte einer Kultur zuweilen etwas problematisch werden, eine Pflanzenart zu finden, der die Größe der frei gewordenen Beet-Fläche zusagt. Oftmals haben dann die restlichen, auf dem Beet stehenden Kulturen bereits Wuchshöhen erreicht, welche die Entwicklung der neuen Art negativ beeinflussen. Nicht selten nehmen unter solchen Bedingungen die alten Kulturen der neuen Art viel Licht weg und entziehen dieser aufgrund ihres schon gut entwickelten Wurzelsystems außerdem viel Nahrung.

Wer sich für eine Mischkultur entscheidet, sollte möglichst nicht den Fehler begehen und die einzelnen Arten im wahrsten Sinne des Wortes „mischen", indem diese quer durcheinander angebaut werden.

Unter derartigen Bedingungen ist nach dem Ernten einer Art ein Neubestücken

In Reihen angebaute Mischkultur

der frei gewordenen Flächen oft schwierig und zeitaufwendig. Außerdem kann es dann passieren, dass beim Herausziehen einzelner Wurzelgemüsearten, wie etwa Karotten, die Wurzeln der stehenbleibenden Mischpartner, stark gelockert oder gar teilweise abgerissen werden. Anschließend dauert es häufig ein paar Tage, bevor diese Pflanzen erneut zu einer „Einheit mit dem umgebenden Erdreich verschmelzen" und ihre Biomasseproduktion wieder in vollem Umfang aufnehmen.

Kräuter-Hochbeete

Wenn sie nicht auf ebenerdigen Beeten zur Abwehr von Schädlingen fungieren sollen, hat es sich als sehr zweckmäßig erwiesen, in einem Hochbeet vorwiegend einjährige oder überjährige (darunter versteht man anderthalbjährige) Kräuter zu kultivieren. Zu diesen einjährigen Arten gehören beispielsweise Basilikum, Gewöhnliches Bohnenkraut und Dill. Stauden sind dagegen besser in einer Kräuterspirale aufgehoben, wobei es sich bei dieser letztlich auch nur um eine Spezialform des Hochbeetes handelt. Selbstverständlich lassen sich auch die einjährigen Kräuter mit in die Kräuterspirale integrieren.

Aber unabhängig davon, ob man sich für die generelle Pflege von Kräutern in einem Hochbeet oder einer Kräuterspirale entscheidet, sollten starkwüchsige Arten niemals neben schwachwüchsigen platziert werden. Letztere können dann nämlich häufig dem Konkurrenzdruck nicht standhalten, den die starkwüchsigen um Fläche, Licht sowie Nährstoffe und Wasser aufbauen. Sie beginnen dann häufig zu kümmern.

Darüber hinaus hat es sich bewährt, die Kräuter so nach Süden hin zu gruppieren, dass die niedrigwüchsigen in den vorderen und die höherwüchsigen in den hinteren Bereichen stehen. Dadurch erhalten alle Pflanzen eine ausreichende Menge Sonnenlicht, denn bis auf wenige Arten fühlen sich die typischen Gartenkräuter in der Vollsonne am wohlsten.

Ein Kräuter-Hochbeet sollte so bepflanzt werden, dass alle Exemplare genügend Licht bekommen und ausreichend Platz zum Wachsen haben

Erdbeer-Hochbeete

Genau wie auf ebenerdigen Flächen sollten Erdbeeren maximal 3 Jahre im Hochbeet verbleiben. Danach ist es ratsam, sie zu entfernen, weil dann ihre Erträge stark rückläufig sind. Wer mit der ausgewählten Sorte (sehr beliebt sind unter anderem ‚*Senga Sengana*' und ‚*Mieze Schindler*') zufrieden ist, kann im letzten Jahr Ableger davon nehmen. Zu diesem Zweck stellt man Anfang Juli unter zwei bis drei Ableger (hierfür wählt man die kräftigsten Exemplare aus) entweder kleine mit Erde gefüllte Blumentöpfe in das Hochbeet oder leitet diese an eine freie Stelle.

Danach fixiert man jeden Ableger mit einem u-förmig gebogenen Draht auf dem im Blumentopf befindlichen Erdreich. Sobald die Ableger Wurzeln gebildet haben, schneidet man die Verbindung zur Mutterpflanze ab. Nun steht einem Auspflanzen der Jungerdbeeren nichts mehr im Wege.

Falls der Erdbeeren-Anbau in Mischkultur erfolgen soll, eignen sich als Partner sowohl Kopfsalat als auch Knoblauch sehr

HINWEIS

Es hat sich bewährt, Erdbeeren nicht mehrmals nacheinander in dem gleichen Hochbeet zu kultivieren, weil der Boden im Laufe der Zeit „erdbeermüde" wird. Außerdem erhöht sich bei mehrmaligem Anbau auf derselben Fläche die Gefahr, dass die Erdbeeren von Krankheiten/Parasiten befallen werden.

gut. Letzterer liefert nicht nur äußerst gesunde Knollen, sondern schützt die Erdbeeren auch vor zahlreichen Bakterien- und Pilzerkrankungen.

Wenn's noch höher werden soll

Manche Gartenfreunde möchten gerne Stab-Tomatenpflanzen in ihrem Hochbeet anbauen. Dem steht grundsätzlich nichts im Wege. Allerdings ist es dann empfehlenswert, das Hochbeet mit einem stabilen Lattengestell oder einem Metallspalier auszustatten. An diesem lassen sich die Tomatenpflanzen in die Höhe leiten. Gleichzeitig kann ein solches Gestell als zusätzliche Fixierungshilfe für im Handel erhältliche Tomatenstäbe dienen.

Im Hochbeet sind die Tomatenpflanzen dem bei sommerlichen Gewittern auftretenden Winden und Böen oftmals stärker ausgesetzt als Exemplare, die einen ebenerdigen Standort haben. Indem die Tomatenpflanzen relativ fest an dem Gestell und eventuell den zusätzlichen Tomatenstäben fixiert sind, werden sie durch derartige Witterungsunbilden weniger stark zerzaust.

Im Normalfall benötigt man für den Anbau von Freilandgurken relativ viel Beetfläche. Diese lässt sich sowohl auf ebenerdigen Beeten als auch in Hochbeeten erheblich verringern, indem die Gurken an einem Spalier in die Höhe geleitet werden.

Damit die einzelnen Triebe der Gurkenpflanzen an dem Spalier noch besser verankert sind, sollte man diese in Abständen von 30 bis 40 cm mit breiten Bastbändern fixieren.

Absenkern von Erdbeeren

Im Unterschied zu Tomatenpflanzen haben sich Freilandgurken als noch etwas empfindlicher gegen (kühle) Winde erwiesen. Aus diesem Grund ist es ratsam, sie vorzugsweise in einem Hochbeet anzubauen, das sich an einem besonders windgeschützten, vollsonnigen Standort befindet.

Weil Gurkenpflanzen einen relativ hohen Nährstoffbedarf haben, hat es sich außerdem bewährt, vor ihrem Platzieren im Hochbeet zusätzlich Stallmist einzugraben, welcher vorzugsweise von Pferden, Rindern oder Kaninchen stammt.

An einem Spalier im Hochbeet können Gurkenpflanzen in die Höhe geleitet werden

Für die Kultivierung von Gurken im Hochbeet eignet sich der Mist von Pferden und Kaninchen sehr gut als Dünger

Steht stattdessen nur Mist von Geflügel, Schweinen, Ziegen oder Schafen zur Verfügung, lässt sich dieser ebenfalls verwenden. Dann ist es allerdings erforderlich, die Gurkenpflanzen noch reichlicher zu gießen als ohnehin schon, um so zu vermeiden, dass dieser Mist die Wurzeln „verbrennt".

Um besonders effektiv gießen zu können, sollte man bereits beim Platzieren im Hochbeet um jede Tomaten- und Gurkenpflanze eine muldenartige Vertiefung anlegen, deren Durchmesser etwa 20 bis 25 cm beträgt. Beim späteren Gießen wird das Wasser in diese Mulden gegeben, von wo aus es direkt in Richtung der Pflanzenwurzeln sickert.

Derartige Gießmulden sollte man auch dann anlegen, wenn zwischen den jungen Tomaten Kopfsalat oder Radieschen angepflanzt beziehungsweise ausgesät werden. Im Normalfall erreichen diese wuchsfreudigen Salatpflanzen und Radieschen relativ schnell die Erntereife. Falls man erst nach deren Ernte die Gießmulden anlegt, kann es passieren, dass dabei die Wurzeln der zwischenzeitlich ebenfalls stark gewachsenen Tomatenpflanzen beschädigt werden.

Anlegen einer Gießmulde

12. GEMÜSEARTEN FÜR DAS HOCHBEET

AUBERGINE

Die Aubergine, *Solanum melongena*, auch Eierbaum oder Eierfrucht genannt, gehört zu den Nachtschattengewächsen und repräsentiert ursprünglich eine Frucht aus den Tropen und Subtropen. Für ihre Kultivierung ist sehr viel Wärme erforderlich, weshalb sich vor allem nach Süden ausgerichtete Hochbeete in milden Lagen als besonders günstige Standorte erwiesen haben, die in der Nähe einer Hauswand stehen. Für deren zusätzliche abstrahlende Wärme ist die Aubergine sehr dankbar.

In unseren Breiten können Auberginen nicht direkt im Freiland ausgesät werden. Stattdessen muss man sie ab Ende Januar in Blumentöpfen (Saattiefe 1 cm) in einem warmen Raum vorziehen, in dem die Temperaturen möglichst 25 Grad betragen. Dabei ist reichlich Geduld erforderlich, denn die Samen liegen oft mehrere Wochen im Boden, bevor sie keimen.

Das Auspflanzen ins Hochbeet erfolgt erst deutlich nach den Eisheiligen, etwa ab dem 25. Mai. Um die Pflanzen für die Freilandbedingungen abzuhärten, stellt man sie zwischen dem 15. und 25. Mai tagsüber in den Garten. Die Pflanzabstände zwischen den Auberginen sollten mindestens 50 cm betragen. Außerdem hat es sich bewährt, dabei neben jeder Jungpflanze einen Stab zu platzieren, an dem man sie später in die Höhe leiten kann.

Auberginen haben einen hohen Wasserbedarf, wobei sie es aber nicht mögen, wenn sie „über Kopf“ gegossen werden. Sobald die ersten Früchte erscheinen, ist es ratsam, den Auberginen alle 14 Tage eine kleine Gabe mineralischen Dünger zu verabreichen.

Die Erntezeit konzentriert sich zumeist auf Ende Juli/Anfang August. Man erkennt die Erntereife daran, dass die Schalen der Früchte voll ausgefärbt sind und einen fettigen Glanz zeigen. Ein weiteres wichtiges Ernteindiz ist die Farbe der noch an der Frucht vorhandenen Kelchblätter. Diese sollten bei der Ernte noch grün und nicht bereits leicht bräunlich sein. Lässt man dagegen die Früchte überreif werden, nehmen sie eine schwammige Konsistenz an und büßen außerdem einen Teil ihrer Geschmacksintensität ein.

HINWEIS

Aufgrund ihrer hohen Gehalte an Solanin und Bitterstoffen, die beim Kochen weitgehend reduziert werden, eignen sich Auberginen nicht für den Rohverzehr.

BLUMENKOHL

Beim Blumenkohl, *Brassica oleracea var. botrytis*, handelt es sich um eine sehr anspruchsvolle Gemüsepflanze. Vor dem Pflanzen ist eine kräftige Lage Komposterde in das Beet zu füllen, weil der Blumenkohl einen sehr hohen Nährstoffbedarf hat.

Zum Anbau im Freiland haben sich sehr frühe Sorten besonders gut bewährt, wobei zu beachten ist, dass die Jungpflanzen gegen Spätfröste noch sehr empfindlich sind.

Falls man über ein Hochbeet (vom Typ Frühbeet) verfügt, das sich mit Glasscheiben abdecken lässt, kann dieses bereits ab Ende März mit Jungpflanzen bestückt werden. Andernfalls ist es besser, mit dem Pflanzen bis Mitte April zu warten und außerdem über jede Jungpflanze eine Pflanzenschutzhaube zu stülpen. Beim Einsetzen der Jungpflanzen ist darauf zu achten, dass der unter den ersten Blattansätzen befindliche Wurzelhals komplett in der Erde steckt.

Die Abstände zwischen zwei ins Beet gesetzten Pflanzen müssen 35 bis 40 cm betragen. Während der Wachstumsphase sollte besonders großes Augenmerk auf eine ständige Auflockerung des Bodens gelegt werden. Außerdem mag der Blumenkohl Erdreich, das immer schwach feucht ist.

Die „Blumen“ erntet man, bevor sie auflockern. Das kann bei warmer Witterung sehr schnell erfolgen. Der Volksmund sagt dann

auch „der Blumenkohl schießt“. Um das künftige Erntegut vor Verfärbungen durch direkte Sonneneinstrahlung zu schützen, ist es sinnvoll, die Blätter über den Köpfen locker zusammenzubinden.

TIPP

Blumenkohl gehört leider zu den Lieblingswirtspflanzen der Kleinen Kohlfliege, Delia brassicae. Um einem Befall vorzubeugen, erfolgt am besten die prophylaktische Behandlung mit einem Natur-Insektizid.

BROKKOLI

Brokkoli, *Brassica oleracea var. italica*, wird auch als Spargel- und Winterblumenkohl bezeichnet. Im Rahmen der Züchtung von Nutzpflanzen aus Wildem Kohl gilt Brokkoli als Vorstufe des Blumenkohls. Die Pflege-, Standort- und Düngungsansprüche des Brokkolis gleichen weitgehend denen des Blumenkohls.

Die Erntesaison erstreckt sich von Juli bis September, wobei eine Aussaat im Freiland ab April stattfinden kann. Um jedoch möglichst zeitig Brokkoli für die Küche bereitzustellen, hat sich die Anzucht von Jungpflanzen in einem Frühbeet bewährt. Aus diesem lassen sich die Jungpflanzen zwischen April und Mitte Juli ins Hochbeet setzen. Ein späteres Auspflanzen ist nicht ratsam, weil es dem Brokkoli dann nicht mehr gelingt, seine auch als Röschen oder Kohlsprossen bezeichneten Blumen in entsprechenden Größen auszubilden. Die Ernte sollte erfolgen, wenn sich die Blumen noch hart und fest anfühlen. Ähnlich wie bei Blumenkohl neigt auch die Brokkoli-Blume bei sehr warmem Wetter sehr schnell zum „Schießen".

Möchte man Brokkoli als Mischkultur pflegen, eignen sich neben Kopfsalat auch Sellerie und Fenchel als gute Nachbarpflanzen.

BUSCHBOHNE

In Abhängigkeit von der Sorte können die Hülsen der Buschbohne, *Phaseolus vulgaris var. nanus*, entweder eine sattgrüne, gelbe oder dunkelviolette Farbe aufweisen. Die violette Farbe bleibt allerdings beim Kochprozess nicht erhalten, sondern verfärbt sich bereits nach wenigen Sekunden zu einem Grünton.

Buschbohnen haben sich als weitgehend anspruchslose, schnellwüchsige Pflanzen erwiesen, die sehr ertragssicher sind. Beim Erwerb des Saatgutes empfiehlt es sich, eine der sogenannten fadenlosen Sorten zu bevorzugen, weil diese bei der Vorbereitung für die Küche (dem sogenannten „Bohnen schnippeln“) angenehmer zu handhaben sind.

Der einzige Nachteil der Buschbohnen besteht in ihrer Frostempfindlichkeit. Deshalb sollte ihre Aussaat erst ab dem 10. Mai erfolgen, sodass das Auflaufen nach dem 15. Mai (den Eisheiligen) erfolgt. Nach Anfang Juli sollte keine Aussaat mehr stattfinden, weil sich dann der Masseertrag des Erntegutes deutlich verringert. Im Unterschied zu den eng verwandten Stangenbohnen bleiben Buschbohnen nicht nur niedriger, sondern benötigen auch nicht

ganz so viel Wärme für ein rasches Wachstum. Der Anbau kann sowohl in Reihen als auch in Horsten erfolgen, die gelegentlich als Tripel bezeichnet werden. Bei der Reihenansaat sollte der Abstand zwischen den Reihen mindestens 30 cm betragen. Die einzelnen Bohnen werden im Abstand von 4 cm in eine Tiefe von 3 cm gelegt. Bei der Horstsaat bereitet man im Abstand von 30 cm 3 cm tiefe Mulden vor, in welche jeweils 5 bis 7 Samen gegeben und anschließend mit Erde überdeckt werden. Die Ernte beginnt im Juli und kann sich je nach Aussaattermin bis Mitte September erstrecken. Dabei erfolgt in etwa 4- bis 7-tägigen Abständen ein sogenanntes Auspflücken, bei welchem nur die großen (vollreifen) Bohnen geerntet werden.

TIPP

Es hat sich bewährt, die Ecken eines Bohnen-Hochbeetes mit Gewöhnlichem oder Bergbohnenkraut zu bestücken. Diese Kräuter halten nicht nur die Schwarze Bohnenlaus (bei der es sich um eine schwarz gefärbte Blattlaus-Art handelt) fern, sondern wirken sich auch förderlich auf das Wachstum und die Aromabildung der Bohnen aus.

CHINAKOHL

Chinakohl, *Brassica rapa subsp. pekinensis*, der auch als Peking-, Japan- und Selleriekohl bezeichnet wird, hat sich als ein sehr gesundes Gemüse erwiesen. Am wohlsten fühlt sich diese Pflanze in nährstoffreichen Hochbeeten, die kurz vor der Aussaat eine Kalkdüngung erhalten haben. Außerdem hat Chinakohl einen sehr hohen Wasserbedarf, mag dabei aber absolut keine Staunässe.

Die Aussaat erfolgt zwischen Mitte und Ende Juni. Der Reihenabstand muss mindestens 40 cm betragen. Innerhalb der Reihen legt man in Abständen von 30 bis 40 cm jeweils 3 bis 4 Saatkörner (nestartig) 1 cm tief in den Boden. Nach etwa einer Woche beginnen die Jungpflanzen zu sprießen. Nach weiteren 10 bis 14 Tagen erfolgt ein Verziehen der Jungpflanzen, wobei man in jedem „Nest" nur die kräftigste stehen lässt. Etwa 4 Wochen nach dem Auflaufen sollte der Chinakohl eine mineralische Düngergabe erhalten, um damit seinen Kalium- und Phosphorbedarf in vollem Umfang zu decken.

Die Ernte erfolgt von Oktober bis Dezember. Sind starke Fröste im Anmarsch, empfiehlt es sich, den Chinakohl samt Wurzelballen aus dem Boden zu nehmen und in einem möglichst hellen Keller in feuchtem Sand einzuschlagen (Einschlagen = die Wurzelballen mit Sand überdecken).

ENDIVIE

Die Endivie, *Cichorium endivia*, auch Friséesalat genannt, gehört zur den Wegwarten und repräsentiert einen klassischen Spätsommersalat.

Beim Erwerben des Saatgutes kann man zwischen drei Wuchsformen wählen. So sind neben Exemplaren in Rosettenform, die glatte, ganzrandige Blätter aufweisen und als Escariol oder Breitblättrige Endivie bezeichnet werden, auch Frisée-Formen erhältlich, die tief geschlitzte krause Blätter in ihren Rosetten besitzen. Die dritte Form ist die Schnitt-Endivie. Sie bildet keine feste Rosette aus, sondern ihre Blätter stehen locker zusammen. Für eine Mischkultur mit Endivien bieten sich sowohl Porree, Fenchel als auch Küchenzwiebeln gut an. Insofern das Hochbeet vor der Kultivierung der Endivien mit hochwertiger Komposterde versorgt wurde, sind spätere Düngergaben nicht unbedingt erforderlich.

Die „Rosetten-Endivien“ sollten erst ab Juni als vorgezogene Jungpflanzen ins Hochbeet gesetzt werden. Als Abstand für diese Formen empfehlen sich 30 bis 35 cm. Die Schnittform kann man bereits ab Anfang April in lockeren Reihen aussäen, deren Abstand 20 cm betragen sollte.

Im August sind die Endivien erntereif. Den Reifezustand erkennt man an den kräftigen Rosetten, die eine gute Herzfüllung aufweisen.

TIPP

Endivien enthalten Intybin. Dabei handelt es sich um einen Bitterstoff, der den Pflanzen den zart herben Geschmack verleiht. Wer diese Bitterstoffe reduzieren möchte, kann Rosetten-Endivien einige Zeit in einem kühlen, dunklen Kellerraum lagern. Während dieser Lagerung bleichen die Blätter, wobei ein Teil der Bitterstoffe verloren geht. Als Faustregel kann man sich in diesem Zusammenhang merken: Je heller die Blätter, desto weniger Intybin enthalten sie.

ERBSE

Die Erbse, *Pisum sativum*, wurde bereits im Altertum als Nahrungsmittel verwendet. Genau wie die Bohne gehört sie zu den Leguminosen, ist aber deutlich kältetoleranter als diese. Erbsen fühlen sich in schwach feuchter, kalkhaltiger Erde und einem in der Vollsonne platzierten Hochbeet am wohlsten. Ihre Aussaat erfolgt zwischen Anfang April und Mitte Juni (wobei sich größere Erträge mit einer Aprilaussaat erzielen lassen). Kurze Fröste von minus 4 bis minus 5 Grad schaden diesen Pflanzen nicht.

Der Anbau erfolgt entweder in Einzel- oder Doppelreihen. Während bei Einzelreihen ein Abstand von 30 cm sinnvoll ist, sollte die Entfernung bei Doppelreihen 40 cm betragen. Die günstigste Saattiefe beträgt etwa 4 bis 5 cm und der ideale Abstand zwischen zwei Saatkörnern 3 bis 5 cm.

Im Vergleich zu Bohnen sind Erbsen allerdings etwas weniger auflaufsicher. Deshalb kann es passieren, dass der Erbsenbestand nach dem Auflaufen ein wenig lückig ist. Dann empfiehlt sich ein partielles Nachlegen von Samen.

Wenngleich es auch sich gegenseitig stützende Erbsen gibt, benötigen die meisten Sorten Rankhilfen. Diese sind zu installieren, sobald die Erbsenpflanzen eine Höhe von 12 bis 15 cm erreichen. Zu diesem Zweck setzt man an den Enden der Reihen kräftige Holzpflöcke in den Boden, zwischen denen man in Abständen von 15 cm Bindfaden spannt. Eine andere Rankhilfen-Variante sind lange Reisig-Ruten, die man in Abständen von 20 cm so in den Boden steckt, dass sich die gegenüber platzierten Ruten in einer Höhe von etwa 70 cm kreuzen. Des Weiteren sollte zu diesem

Zeitpunkt ein leichtes Anhäufeln der Reihen erfolgen. Die Erbsenernte beginnt etwa ab Mitte Juni und erstreckt sich über einen Zeitraum von mehreren Wochen. In Abständen von 5 bis 7 Tagen muss ein sogenanntes Auspflücken erfolgen, bei dem nur die prallen (vollreifen) Hülsen, im Volksmund Schoten genannt, geerntet werden. Um dabei die Pflanzen nicht unbeabsichtigt aus dem Boden zu ziehen, hat es sich bewährt, die reifen Hülsen an ihren Stielen mit Hilfe der Nägel von Daumen und Zeigefinger abzukneifen.

FELDSALAT

Beim Feldsalat, *Valerianella locusta*, handelt es sich um eine zu den Baldriangewächsen, *Valerianoideae*, gehörendes, frohwüchsiges Gemüse, das eine rosettenartige Wuchsform aufweist.

Am besten gedeiht Feldsalat in einem frisch mit Komposterde bestückten Hochbeet, das unmittelbar vor der Aussaat eine Kalkdüngung erhalten hat. Ist im Hochbeet Staunässe vorhanden, beginnen die Pflanzen sehr schnell zu faulen.

Die Aussaat erfolgt von Ende Juli bis Anfang September vorzugsweise in Doppelreihen, zwischen denen der Abstand 15 cm beträgt. Die ideale Tiefe der dafür erforderlichen Saatrillen sollte 0,5 bis 0,8 cm, jedoch keinesfalls mehr als 1,5 cm betragen. Als Abstände zwischen zwei Samenkörnern sind 5 bis 8 cm empfehlenswert. Bis zum Auflaufen, das sich durch ein einmaliges kräftiges Angießen etwas beschleunigen lässt, vergehen etwa 3 Wochen. Während dieser Zeit kann man das Beet mit einem Vlies oder einer transparenten Folie abdecken, um so die Verdunstung zu minimieren.

Während der Wachstumsphase sollte man sehr sorgfältig darauf achten, dass sich zwischen den Salatpflanzen keine Unkräuter (vor allem kriechende Arten, die nicht sofort ins „Auge stechen") ansiedeln. Außerdem mag es der Feldsalat, wenn das Erdreich zwischen den Reihen regelmäßig gelockert wird. Für eine Pflege in Mischkulturen bieten sich als Partner Radieschen und Gartenkresse an.

Bei einer Aussaat im Juli kann die Ernte im Oktober erfolgen. Später ausgesäter Feldsalat wird dagegen erst im März des Folgejahres geerntet. Während der Ernte ist es ratsam, den Feldsalat direkt über der Erdoberfläche abzuschneiden, weil dann seine Rosetten erhalten bleiben und nicht in einzelne Blätter auseinanderfallen.

FENCHEL

Fenchel, *Foeniculum vulgare*, wird auch als Knollenfenchel bezeichnet. Obwohl eine Aussaat (Saattiefe 1 cm, Abstand sowohl innerhalb als auch zwischen den Reihen 30 cm) im Hochbeet ab Mai möglich ist, favorisieren die meisten Gartenfreunde das Einsetzen von vorgezogenen Jungpflanzen. Dieses erfolgt im Mai.

Das Bodensubstrat, welches nicht übermäßig nährstoffreich sein muss, sollte regelmäßig gelockert und vor allem ständig schwach feucht gehalten werden. Damit wirkt man dem „Schießen" der Fenchelknollen entgegen. In diesem Zusammenhang sollte man auch beim Erwerb von sogenannten schossfesten Sorten nicht zu gutgläubig sein. Manchmal erweisen sich auch diese nicht zu 100 Prozent als schossfest.

Eingesetzte Jungpflanzen benötigen bis zur kompletten, erntereifen Ausbildung ihrer Knollen 2,5 bis 3 Monate. Indem man 14 Tage vor der Ernte das Erdreich um die Knollen etwas anhäufelt, erhalten diese nicht nur eine schöne weiße Färbung, sondern auch eine sehr zarte Konsistenz.

Gute Partner für ein Fenchel-Mischbeet sind Kopfsalat, Küchenzwiebeln, Porree und Radieschen.

GRÜNKOHL

Bei dem auch als Braunkohl oder Braunkraut bezeichneten Grünkohl, *Brassica oleracea var. sabellica*, handelt es sich um die am einfachsten zu kultivierende Kohl-Art, weil diese die geringsten Ansprüche an Bodenqualität und Klima stellt. Also stellt er einen idealen „Anfänger-Kohl“ dar.

Grünkohl wird normalerweise nicht direkt ausgesät, sondern zwischen Anfang April und Anfang Juni als Jungpflanze vorgezogen. Deren Auspflanzen erfolgt ab Ende Mai bis Anfang August. Sowohl zwischen Reihen als auch zwei Einzelpflanzen haben sich Abstände von 40 cm bewährt.

Günstig ist es, wenn Grünkohl nach Erbsen angebaut wird und im Hochbeet zusätzlich noch etwas Stallmist eingegraben werden kann. Unter derartigen Standortbedingungen liefert der Grünkohl besonders hohe Erträge. Während der Wachstumsphase verabreicht man außerdem noch 1 bis 2 Mineraldüngergaben.

Die Erntesaison beginnt im Oktober und kann sich bis Anfang März des Folgejahres erstrecken. Bevor es jedoch soweit ist, sollte der Grünkohl mindestens 2 bis 3 Mal einem kräftigen (Nacht)frost ausgesetzt sein. Die Frosteinwirkung schadet nicht. Im Gegenteil: Dadurch laufen im Grünkohl verstärkt biochemische Reaktionen ab, welche die Konzentration an vorhandenen Bitterstoffen senken und gleichzeitig den Zuckergehalt erhöhen.

Leider steht Grünkohl nicht nur bei vielen Menschen, sondern auch bei allerlei Parasiten hoch im Kurs, allen voran der Weißen Fliege sowie den Larven des Kohlweißlings. Gegen Kohlweißlingslarven helfen Mischkulturen mit Eberraute, Salbei, Rosmarin und Pfefferminze, während Studentenblumen (Tagetes) und Basilikum die Weiße Fliege abwehren. Eine weitere Möglichkeit, den Kohlpflanzenbestand vor einem Befall durch die Larven des Kohlweißlings zu schützen, besteht im Überspannen mit einem Netz.

GURKE *(siehe auch Kapitel: Wenn's noch höher werden soll)*

Gurken, *Cucumis sativus*, gehören zu den anspruchsvollsten Gemüsearten. Sie haben nicht nur einen hohen Wasser- und Nährstoffbedarf, sondern sind auch sehr wärmebedürftig.

Diese hohe Wärmebedürftigkeit ist auch der entscheidende Grund, weshalb Gurken an kühlen Sommertagen, an denen die Bodentemperaturen lediglich 12 bis 15 Grad betragen, kaum wachsen. Außerdem mögen es Gurkenpflanzen nicht, wenn sie häufig heftigen Winden ausgesetzt sind.

Gurken werden zumeist nicht ab Mitte Mai direkt im Freiland ausgesät, sondern zwischen Mitte April und Mitte Mai vorgezogen. Ihrem Wärmebedürfnis Rechnung tragend, sollte man die vorgezogenen Jungpflanzen auch nie vor dem 20. Mai ins Freiland setzen.

Der Abstand zwischen zwei Gurkenreihen muss etwa 100 cm betragen. Innerhalb der Reihe werden die Pflanzen in Abständen von 40 cm platziert.

Als Partner für Mischkulturen haben sich Dill und Borretsch bewährt, deren Samen breitwürfig in den Gurkenbeeten verteilt werden. Diese Kräuter benötigt man später, um die Gurken einzulegen. Ein weiterer her-

TIPP

Im Gegensatz zum Kürbis, mit dem sie eng verwandt sind, besitzen Gurken nur relativ schwache Wurzeln. Aus diesem Grund nehmen sie auch weniger Nährstoffe auf. Wer nun den Ernteertrag seiner Gurken maximieren möchte, kann diese auf einen Kürbis setzen. Dazu sät man Kürbisse und Gurken (letztere eine Woche früher aussäen) ganz dicht nebeneinander aus. Sobald die Gurkenpflanze 5 bis 6 cm hoch ist, führt man sowohl an ihr als auch der Kürbispflanze mit einem absolut sauberen, sehr scharfen Cuttermesser kleine keilförmige Veredlungsschnitte durch.

Anschließend schiebt man mithilfe einer ebenfalls absolut sauberen Pinzette die Gurke auf den Kürbis. Zur Fixierung umwickelt man die Veredlungsstelle ganz vorsichtig mit einem 1 cm breiten Alufolien-Streifen. Danach gießt man die Pflanzen und stülpt eine transparente Plastiktüte (als „Minigewächshaus") darüber. Dadurch werden die Pflanzen in der Folgezeit von genügend Luftfeuchtigkeit umgeben. Nach etwa einer Woche sind die Pflanzen zusammengewachsen. Dann schneidet man die Gurke unterhalb der Veredlungsstelle ab und zieht ihre Wurzel vorsichtig aus der Erde.

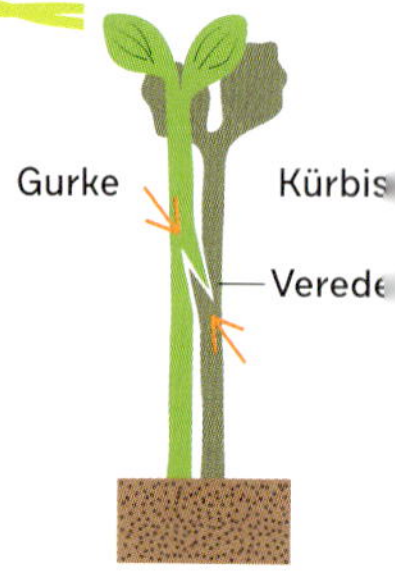

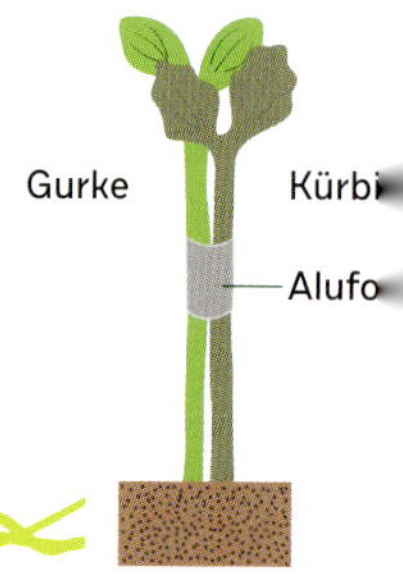

vorragender Partner ist Basilikum, welches gegen Mehltau und Weiße Fliege hilft. Die Erntezeit erstreckt sich von Juli bis September. Während dieser Zeit bilden die Gurkenpflanzen ständig neue Früchte. In Abhängigkeit vom beabsichtigten Verwendungszweck erntet man sogenannte Einleger, sobald diese eine Länge von 8 bis 10 cm aufweisen. Salatgurken lässt man auf deutlich größere Längen heranwachsen.

KARTOFFEL

Die Kartoffel, *Solanum tuberosum*, gehört bereits seit mehreren Jahrhunderten zu den wichtigsten Grundnahrungsmitteln des Menschen. Um den Jahresbedarf für eine vier- bis fünfköpfige Familie zu produzieren, ist eine Fläche von 100 bis 150 qm erforderlich. Aufgrund dieser benötigten Fläche sollte man im Vorfeld genau überlegen, ob der Kartoffelanbau tatsächlich lohnenswert erscheint oder ob das Hochbeet stattdessen lieber zum Anbau anderer Kulturen genutzt werden soll.

Wer trotzdem gern Kartoffeln in seinem Hochbeet anbauen möchte, sollte zunächst 60 cm des Erdreiches herausnehmen. Anschließend füllt man eine 20 cm starke Schicht frischen Stallmist ein, die mit einer Lage von 40 cm Komposterde abgedeckt wird.

Als Termin für das Legen von Kartoffeln sollte man sich an der Bauernweisheit „Legst Du mich im Märzen, komme ich mit Schmerzen. Legst Du mich im April, komme ich, wann ich will, aber legst Du mich im Mai, komme ich soglei“ orientieren. Somit hat sich die Zeit von Ende April bis Anfang Mai als günstig für das Legen der Kartoffeln erwiesen.

Verwendet werden mittelgroße Saatkartoffeln, die in Abständen von 20 bis 30 cm etwa 10 cm tief in den zuvor gut gelockerten Boden gebracht werden. Der Abstand zwischen zwei Kartoffelreihen muss etwa 60 cm betragen. Nachdem die Kartoffeln ihre Triebe 10 cm aus der Erde geschoben haben, werden sie erstmals dammartig gehäufelt. Ein nochmaliges Häufeln erfolgt, sobald die Triebe etwa 20 cm lang sind.

Nach jedem Anhäufeln erhalten die Kartoffeln eine Gabe stickstoffhaltigen Dünger. Bei länger andauernden sommerlichen Trockenperioden sollten die Kartoffeln im Interesse eines hohen Ernteertrages reichlich gegossen werden. Je nach Sorte und Anbauzeitpunkt erstreckt sich die Kartoffelernte von Ende September bis Ende Oktober.

KOHLRABI

Vom Kohlrabi, *Brassica oleracea var. gongylodes*, existieren mehrere Sorten, die sich unter anderem in der Färbung ihrer Schalen (violett, als Blau bezeichnet, und weißlich grün, als Grün bezeichnet).

Unabhängig von der Sorte werden Kohlrabis fast nie im Freiland ausgesät, sondern in einem Frühbeet vorgezogen. Nachdem die später vereinzelten und pikierten Jungpflanzen eine Wuchshöhe von 10 bis 12 cm erreicht haben, ist ein Auspflanzen ins Freiland möglich. Dieses ist zwischen Anfang April und Mitte Juli an vorzugsweise vollsonnigen Standorten ratsam. Dabei darf man die Kohlrabis nur so tief in der Erde platzieren, dass ihre Wurzeln gerade bedeckt sind. Der Abstand zwischen zwei Reihen sollte 30 cm betragen. Innerhalb der Reihe pflanzt man die Kohlrabis mit 25 cm Abstand.

Während der Wachstumsphase erhalten die Kohlrabis 1 bis 2 mäßige Gaben Mineraldünger. Für ein zügiges Wachstum ist außerdem eine reichliche Wasserversorgung erforderlich. Falls der Boden längere Zeit trocken liegt, beginnen die Kohlrabis nicht nur zu kümmern, sondern werden auch „holzig“.

TIPP

Vielerorts wird von den Kohlrabis nur die verdickte Knolle verzehrt. Interessanterweise sind jedoch die Herzblätter deutlich vitaminreicher als die Knolle, weshalb man auch diese unbedingt mitessen sollte.

KOPFSALAT

Vom Kopfsalat, *Lactuca sativa var. capitata*, existieren zahlreiche Sorten, die sich vor allem in der Färbung und Form ihrer Blätter unterscheiden. So existieren neben grünblättrigen Sorten auch solche, die einen hohen braunen bis weinroten Anteil in ihren Blättern aufweisen.

Ähnlich wie beim Kohlrabi erfolgt auch beim Kopfsalat fast nie eine Freilandaussaat, sondern stattdessen eine Pflanzung von vorgezogenen Exemplaren. Deren Einsetzen ins Hochbeet kann von Mitte April (unter Vlies auch schon ab Ende März) bis Anfang August erfolgen.

Für die zügige Entwicklung des Salats sind vor allem eine reichliche Wasserversorgung und Wärme notwendig, denn obwohl die Pflanzen bis minus 5 Grad vertragen, beginnen sie erst bei mehr als 10 Grad stärker zu wachsen. Bei der reichlichen Wasserversorgung darf allerdings keine Staunässe entstehen, denn dadurch kommt es fast immer zu großen Ertragseinbußen aufgrund wegfaulender Salatköpfe.

Der Abstand zwischen zwei Salatreihen sollte 30 cm betragen. In der Reihe platziert man die Jungpflanzen in Abständen von 25 cm. Sehr wichtig ist, den Kopfsalat „hoch“ zu pflanzen, da zu tief eingesetzte Exemplare nur unzureichende Köpfe ausbilden.

Insofern der Salat in einem humusreichen Bodensubstrat steht, ist keine Düngung während seiner Wachstumsphase nötig.

Kopfsalat wird gern in Mischkulturen integriert. Unter anderem hat er sich als guter Partner von Tomaten und Erdbeeren erwiesen. Kerbel, *Anthriscus cerefolium*, der in der Nähe von Kopfsalat steht, vertreibt Blattläuse und Ameisen.

Je nach Pflanzzeitpunkt erstreckt sich die Erntezeit des frohwüchsigen Kopfsalats von Ende Mai bis Mitte Oktober.

KÜCHENZWIEBEL

Aufgrund ihres intensiven Aromas werden Küchenzwiebeln, *Allium cepa*, als Gemüsepflanzen sowie als „Kräuter" (in Form ihrer Knollen und Blätter) zum Würzen von Speisen verwendet.

Obwohl man Zwiebeln in milden Jahren auch ab Mitte März aussäen kann, favorisieren die meisten Gartenfreunde kleine, vorgezogene Exemplare, die umgangssprachlich als Steckzwiebeln bezeichnet werden. Diese können ab Anfang April bis Ende Mai gesteckt werden, wobei die Abstände zwischen zwei Reihen 20 cm betragen sollten. Innerhalb der Reihe steckt man alle 7 cm eine Zwiebel. Um Platz für ein separates Zwiebelbeet zu sparen, kann man die Pflanzen auch als Rabatten an den Rändern der Hochbeete anbauen.

Beim Stecken ist zu beachten, dass nur die untere Hälfte der Zwiebel maximal einen Zentimeter tief ins Erdreich gesetzt wird.

Zwiebeln stellen keine übermäßig hohen Ansprüche an das Bodensubstrat. Dafür möchten sie aber einen vollsonnigen, warmen Standort. Bewässert wird nur mäßig. Sehr wichtig ist außerdem, die Zwiebelkultur jederzeit unkrautfrei zu halten.

In Abhängigkeit vom Stecktermin erreichen die Zwiebeln zwischen Anfang Juli und Ende August ihre Erntereife. Die Blätter können schon deutlich früher geerntet werden. Dabei sollte man allerdings keinen „Kahlschlag" an einzelnen Exemplaren durchführen, sondern von jeder Zwiebel nur 1 bis 2 Blätter abschneiden. Dadurch sichert man ab, dass noch eine gute „Knollenausbildung" erfolgen kann.

HINWEIS

Irrtümlicherweise sind zahlreiche Hobbygärtner der Meinung, wenn sie zur Erntezeit das Laub der Zwiebeln umknicken, dass die Knollen noch weiterwachsen. Auf dieser Meinung basierend, nehmen sie die Knollen oftmals erst 1 bis 2 Wochen später aus dem Boden. Doch dabei handelt es sich um einen Trugschluss. Sobald das Laub umgeknickt ist, können die Zwiebeln keine Fotosynthese mehr betreiben und folglich auch nicht mehr an Masse zulegen.

MANGOLD

Mangold, *Beta vulgaris subsp. vulgaris*, hat ein rhabarberähnliches Aussehen. Er gehört zu den recht einfach zu kultivierenden Gemüsearten, die an den Boden und das Klima keine besonderen Ansprüche stellen. Von dieser Pflanze existieren Formen mit roten, gelben und weißen Stängeln, die sich aber weder in ihrem Geschmack noch in ihren Inhaltsstoffen deutlich unterscheiden.

Im Hochbeet erfolgt die Aussaat ab Mitte April, wobei ein Reihenabstand von 25 cm einzuhalten ist. Nachdem die aufgelaufenen Jungpflanzen eine Höhe von 3 bis 5 cm erreicht haben, werden sie vereinzelt. Dabei lässt man alle 35 bis 40 cm nur ein besonders kräftiges Exemplar stehen.

Während der Wachstumsphase erhält Mangold drei klein bemessene mineralische Stickstoffdüngergaben. Für die Maximierung der Ernteerträge sind außerdem eine reichliche Wasserversorgung sowie eine ständige Lockerung des Bodens erforderlich.

Ähnlich wie Spinat lässt sich auch Mangold überwintern, wodurch man ein sehr zeitiges Frühjahrs-Gemüse erhält (die Aussaat erfolgt in diesem Fall zwischen Ende August und Anfang September). Bei dieser Art der Kultivierung ist es wichtig, die Reihen vor dem Einsetzen der ersten Starkfröste anzuhäufeln. Als zusätzlichen Frostschutz empfiehlt es sich, die Oberfläche des Hochbeetes mit Nadelreisig abzudecken. Mangold, der zwischen April und Mai gesät wurde, erreicht ab Juli seine Erntereife, wobei sich sowohl seine Stängel als auch Blätter in der Küche verwenden lassen.

Als Partner für die Pflege in einer Mischkultur eignen sich unter anderem Küchenzwiebeln, Fenchel, Brokkoli, Kopfsalat und Radieschen.

KAROTTE

Für die auch als Mohrrübe bezeichnete Karotte, *Daucus carota*, erweisen sich zahlreiche Hochbeete als ideale Standorte. Sie bieten den Karotten in aller Regel lockeren, gut wasserdurchlässigen und vor allem tiefgründigen Boden. Das Einzige, was man mindestens ein Jahr lang nicht vor einem beabsichtigten Karottenanbau praktizieren sollte, ist eine Versorgung des Hochbeetes mit frischem Stallmist.

Die Aussaat kann von März bis Ende Juni erfolgen, wobei ein Reihenabstand von 20 bis 25 cm einzuhalten ist. Innerhalb der Reihe sind die Karotten, wenn sie eine Wuchshöhe von 3 bis 4 cm erreicht haben, auf Abstände von 4 bis 5 cm zu vereinzeln. Dabei lässt man immer die kräftigsten Exemplare stehen und zieht die anderen aus dem Boden. (Falls man Kaninchen besitzt, bietet es sich an, das Laub der herausgezogenen Karotten nicht in den Komposter zu werfen, sondern an die „Mümmelmänner" zu verfüttern, bei denen sich diese Nahrungskomponente großer Beliebtheit erfreut.)

Wer sich das Vereinzeln ersparen möchte, kauft Saatgut in einem Saatband.

Während der Wachstumsperiode erhalten die Karotten zwei mineralische Düngergaben und zwar die erste nach dem Vereinzeln und die zweite 6 bis 8 Wochen später.

In Abhängigkeit von der Sorte, dem Aussaatzeitpunkt und der Witterung beginnt die Ernte Ende Juli und erstreckt sich bis in den Oktober.

Kaninchen fressen sehr gern Karottengrün

TIPP

Es dauert mitunter bis zu 3 Wochen, bevor Karottensamen aufläuft. Um zu wissen, wo genau sich die Reihen befinden, säen manche an deren Ende einige (schnell auflaufende) Radieschen als sogenannte Markierungssaat. Eine Markierung ist außerdem mit Steckzwiebeln möglich. Am besten eignen sich dafür Exemplare, die bereits ein paar Blätterspitzen vorgetrieben haben. Von diesen steckt man alle 50 bis 60 cm jeweils eine in die Karottenreihen. Die Zwiebeln entfalten auch eine gewisse prophylaktische Wirkung gegen Pilzkrankheiten, Spinnmilben und gegen Karottenfliegen. Allerdings sollte man bezüglich der Abwehr von Karottenfliegen keine hundertprozentigen Erfolge erwarten.

PAPRIKA

Bei der Paprika, *Capsicum annum*, handelt es sich um ein beliebtes, jedoch nicht frosthartes Gemüse. In Abhängigkeit von der Sorte bringt es unterschiedlich geformte Früchte hervor, die ein rundliches bis fast ovales Aussehen haben oder spitz auslaufen.

Man kann Paprika entweder selbst in einem Frühbeet vorziehen oder als Jungpflanzen im Fachhandel erwerben. Beim Selbstvorziehen sind die Samen zwischen Ende März/Anfang April ins Frühbeet zu bringen. Das Platzieren in das Freilandhochbeet darf erst nach den Eisheiligen (15. Mai) erfolgen, wobei sich die Zeitspanne für die Pflanzung noch bis Mitte Juni erstreckt. Jede Paprikapflanze benötigt einen Standort von 50 x 50 cm. Als Partner für eine Mischkultur eignet sich Kopfsalat hervorragend.

Paprika benötigt einen vollsonnigen Standort mit einem lockeren, nicht zu nährstoffreichen Boden, weshalb das Hochbeet zuvor nicht mit Stallmist gedüngt werden sollte. Als wesentlich günstiger haben sich während der Wachstumsphase zwei kleinere Gaben eines magnesiumreichen Mineraldüngers erwiesen. Darüber hinaus müssen Paprikapflanzen immer reichlich gegossen und das Erdreich gehackt werden.

Bemerkenswert ist die Tatsache, dass unter Folie oder Glas kultivierter Paprika häufig anfälliger gegen Krankheiten ist als im Freiland stehender. Die Erntesaison erstreckt sich von Anfang Juli bis Ende September, wobei die reifen Früchte mit einer Schere oder einem scharfen Messer von den Pflanzen geschnitten werden.

TIPP

Wer das Saatgut für die nächste Gartensaison selbst gewinnen möchte, muss nur aus einer vollreifen Frucht einige Kerne entnehmen. Diese lässt man noch etwa eine Woche trocknen. Anschließend werden diese in eine kleine Tüte oder Pappschachtel gefüllt, welche bis zum folgenden Jahr in einem dunklen, kühlen sowie trockenen Raum aufbewahrt wird.

PASTINAKE

Bei der Pastinake, *Pastinaca sativa*, auch Pastinak genannt, handelt es sich um ein Wurzelgemüse, das in seiner Form an eine Karotte und im Geschmack an Fenchel erinnert. Ähnlich wie die Karotte benötigt auch die Pastinake ein Hochbeet mit lockerem, gut wasserdurchlässigem Boden, der zuvor nicht mit frischem Stallmist gedüngt wurde.

Die Aussaat kann zwischen Ende März und Mitte April in Reihen erfolgen, deren Abstände zueinander 30 cm betragen. Innerhalb der Reihe vereinzelt man die Pflanzen so, dass sie anschließend 7 bis 10 cm voneinander entfernt stehen. Wer Pastinaken in Mischkultur anbauen möchte, kann unter anderem Steckzwiebeln und/oder Radieschen als Partner verwenden. Letztere erreichen bereits ihre Erntereife, bevor die Pastinaken intensiver zu wachsen beginnen.

Sobald die Blätter der Pastinaken eine Länge von etwa 15 cm aufweisen, sollten die Pflanzen eine Gabe eines mineralischen stickstoffhaltigen Düngers erhalten.

Die Erntesaison erstreckt sich von Ende September bis Anfang Dezember.

HINWEIS

Das Saatgut der Pastinake verliert relativ schnell seine Keimfähigkeit. Deshalb ist es empfehlenswert, möglichst immer frisches Saatgut zu erwerben und keines aus dem Vorjahr zu verwenden.

PORREE

Von dem auch oftmals als Lauch bezeichneten Porree, *Allium ampeloprasum*, existieren sowohl Sommer-, Herbst- als auch Wintersorten. Obwohl zwischen Mitte März und Mitte April eine Direktsaat (mit späterer Vereinzelung) im Freiland möglich ist, bevorzugen die meisten vorgezogene Exemplare. Um den organischen Nährstoffbedarf des Porrees zu befriedigen, hat es sich bewährt, unmittelbar vor der Pflanzung reichlich Komposterde in das Hochbeet zu bringen. Außerdem sollte Porree während des Wachstums 1 bis 2 Mineraldüngergaben erhalten.

Je nach Sorte erfolgt die Pflanzung des Porrees zwischen Ende April und Ende Juli in Reihen, die Abstände von 30 cm zueinander aufweisen. Innerhalb der Reihe wird alle 10 bis 12 cm eine Pflanze platziert. Damit die Porree-Pflanzen später kräftige Schäfte ausbilden, muss die Pflanztiefe 15 cm betragen. Unmittelbar vor dem Pflanzen kürzt man die Wurzeln auf 2 bis 3 cm ein und schneidet auch die Blätter um etwa ein Drittel zurück. Diese Maßnahmen wirken sich wachstumsstimulierend aus. Außerdem begünstigt regelmäßiges Gießen das Wachstum.

TIPP

Ein häufig auftretender Parasit in Porree-Kulturen ist die Lauchmotte, die rötliche Fraßgänge in den Pflanzen verursacht. Gegen diese hilft eine Mischkultur, indem zwischen zwei Porree-Reihen Rettiche gesät werden. Eine weitere Pflanze, die Lauchmotten vertreibt, ist Wermut.

Ab Anfang Juli häufelt man die Erde in den Porree-Reihen ein wenig an, sodass kleine Dämme entstehen. Diese Maßnahme fördert die weitere Ausbildung der Schäfte.

Die Erntezeit erstreckt sich von August bis Februar, wobei es sich (insbesondere bei Frost) bewährt hat, den Porree nicht aus den Beeten zu ziehen, sondern mittels einer Schaufel/Grabgabel vorsichtig herauszuhebeln.

PUFFBOHNE

Die Puffbohne, *Vicia faba*, wird auch als Pferde-, Sau- oder Dicke Bohne bezeichnet. Trotz ihres Populärnamens gehört diese Leguminose nicht zu den Bohnen, sondern zu den Wicken. In den vergangenen Jahrzehnten erfreuen sich Puffbohnen einer stetig wachsenden Beliebtheit, was vor allem in ihrem sehr hohen Eiweißgehalt begründet ist. Hinzu kommt, dass Puffbohnen eine absenkende Wirkung auf den Cholesterinspiegel haben.

Puffbohnen können Wuchshöhen von 1,5 m erreichen. Sie haben sich als anspruchslose Pfleglinge erwiesen und sind sehr wachstumsfreudig. Ihre Aussaat erfolgt Anfang April (in milden Lagen auch schon Mitte März) in Reihen. Dabei sollten die Abstände zwischen zwei Reihen 40 cm betragen. Innerhalb der Reihe legt man die Saatkörner 20 cm weit auseinander.

Etwa 100 Tage nach der Aussaat sind die Puffbohnen erntereif. Die Hülsen müssen dann zwar eine pralle Form haben, aber die darin befindlichen Körner sollten auf jeden Fall noch weich sein. Das Pflücken erfolgt in der Weise, dass die Hülsen mit Hilfe von Daumen und Zeigefinger von den Pflanzen abgekniffen werden. Zur Verwendung in der Küche pult man anschließend die Kerne aus den Hülsen.

RADIESCHEN UND RETTICH

Beim Radieschen, *Raphanus sativus var. sativus*, und beim Rettich, *Raphanus sativus*, handelt es sich um zwei sehr eng miteinander verwandte Pflanzen. Im Unterschied zu dem voluminöseren Rettich ist das Radieschen noch schnellwüchsiger.

Sowohl vom Radieschen als auch vom Rettich existieren zahlreiche Sorten, die sich vor allem in Form, Färbung und Größe unterscheiden. Sie alle fühlen sich auf vollsonnigen, gut wasserdurchlässigen Böden am wohlsten, die zudem einen mittleren Humusgehalt aufweisen, aber zuvor keine frischen Stallmistgaben erhalten haben.

Reichliches Gießen und eine regelmäßige Bodenlockerung sind die wichtigsten Pflegemaßnahmen bei der Kultivierung von Radieschen. Eine unzureichende Bewässerung quittieren Radieschen damit, dass sie scharf, pelzig sowie holzig werden.

Radieschen haben sich nicht nur als ideale Vor- und Nachfrüchte erwiesen, sondern stellen auch hervorragende Partner für Mischkulturen mit zahlreichen anderen Pflanzen dar.

Ihre Aussaat kann von März bis August erfolgen, wobei eine Kultivierung in 20 cm voneinander entfernten Reihen zu favorisieren ist. Innerhalb der Reihe sollten die Abstände zwischen zwei Pflanzen 4 cm betragen (Bei zu eng ausgesäten Radieschen ist nach dem Auflaufen ein Vereinzeln ratsam).

Die Saattiefe darf maximal 1 cm, besser nur 0,5 cm betragen, weil sonst die Samen viel Kraft benötigen, um sich aus dem Boden „zu quälen". Die Ernte kann oftmals schon 5 bis 6 Wochen nach dem Aussäen erfolgen.

Insbesondere wenn mehrere Hochbeete bewirtschaftet werden, hat es sich bewährt, nicht ein Beet komplett mit Radieschen zu bestücken. Stattdessen ist es günstiger, im zeitversetzten Rhythmus (alle 7 bis 14 Tage) Radieschen als Mischkultur oder Untersaat in den Boden zu bringen. Dadurch steht dieses Gemüse ständig zur Verfügung.

Vom Rettich existieren Frühjahrs-, Sommer- und Wintersorten. Je nach Sorte werden diese zwischen Anfang März und Ende Juni in Reihen ausgesät, deren Abstände etwa 25 cm betragen sollten. Zwischen 2 Rettichen sollte der Abstand etwa 8 cm betragen. Als Saattiefe haben sich 1 bis 1,5 cm bewährt.

Während der Wachstumsphase verabreicht man Rettichen 1 bis 2 mineralische Düngergaben. Die Ernte der Frühjahrssorten beginnt Ende Mai. Bei den Wintersorten erstreckt sich diese bis zum November/ Dezember. Bei günstiger Witterung sollte man die Winterrettiche so lange wie möglich im Hochbeet stehen lassen, um in einem größeren Zeitfenster stets frische Exemplare ernten zu können. In diesem Zusammenhang ist es gut zu wissen, dass Rettiche bis zu Temperaturen von minus 5 Grad keinen Schaden nehmen.

Radieschen

Rettich

Winterrettich, wegen seiner Schalenfärbung auch Schwarzer Rettich genannt

RATTENSCHWANZWÜRZE

Bei der Rattenschwanzwürze, *Raphanus caudatus*, die auch als Rattenschwanz-Radieschen und Luft-Radieschen bezeichnet wird, handelt es sich um ein zart violett blühendes Kohlgewächs. Der Populärname basiert darauf, dass die Fruchtschoten in ihrer Form entfernt an einen Rattenschwanz erinnern. Im Unterschied zum Radieschen stellen bei dieser Pflanze aber nicht die Wurzeln, sondern die Schoten das Erntegut dar.

Die Rattenschwanzwürze benötigt einen vollsonnigen Standort sowie einen lockeren Boden, der leicht feucht ist. Drei Wochen nach dem Auflaufen verabreicht man eine mäßige Mineraldüngergabe.

Die Aussaat erfolgt zwischen April und Juni in Reihen, die einen Abstand von 40 cm haben sollten. In diese werden die Samen 1,5 cm tief gelegt. Nach dem Auflaufen vereinzelt man die Pflanzen auf Abstände von 15 bis 20 cm. Stehen dagegen die Pflanzen zu dicht, beginnen sie zu kümmern.

Nach dem Vereinzeln häufelt man die Reihen ein wenig an. Dadurch bekommen die 70 bis 100 cm hoch werdenden Pflanzen einen stabileren Halt im Hochbeet.

Oftmals ist die Ernte der knackigen Schoten bereits 6 Wochen nach der Aussaat möglich. Um zu vermeiden, dass die Schoten „holzig" werden, sollte man mit deren Ernte nicht zu lange warten. In ihrem Geschmack erinnern die dickfleischigen Schoten im rohen Zustand an Rettich/Radieschen. Gekocht schmecken sie eher süßlich wie Erbsen.

Rattenschwanzwürze (blühend)

Erntereife Schoten der Rattenschwanzwürze

ROSENKOHL

Rosenkohl, *Brassica oleracea var. gemmifera*, gehört zu den beliebten Wintergemüse-Arten. Früher wurde Rosenkohl aufgrund seines relativ hohen Gehaltes an Bitterstoffen von zahlreichen Menschen nicht sonderlich gern gegessen. Inzwischen gibt es aber einige Züchtungen, die nahezu gänzlich bitterstofffrei sind und deren Röschen hervorragend schmecken.

Rosenkohl wird normalerweise nicht direkt ausgesät, sondern als Jungpflanze vorgezogen. Das Einsetzen ins Hochbeet erfolgt zwischen Ende Mai und Ende Juni, wobei jede Pflanze eine Fläche von 50 x 50 cm benötigt.

Rosenkohl hat einen sehr großen Nahrungsbedarf. Ideal ist es, Rosenkohl nach abgeernteten Erbsen zu pflanzen. Neben dem Erbsenstroh, das aufgrund seines Stickstoffreichtums im Hochbeet eingegraben wird, hat es sich bewährt, zusätzlich Stallmist unterzumischen. Außerdem mag es Rosenkohl, wenn er während der Wachstumsphase zwei weitere mineralische Düngergaben erhält.

Je nach Sorte beginnt die Rosenkohlernte ab Ende September und erstreckt sich bis zum Februar des Folgejahres. Bei Sorten, die erst ab November geerntet werden – aber nur bei diesen – empfiehlt es sich, etwa Mitte September die Triebspitzen abzubrechen. Dadurch investiert der Rosenkohl seine „Kraft“ nicht mehr in das Längenwachstum, sondern in den Masseertrag der Röschen.

HINWEIS

Wie alle Kohlarten enthält auch Rosenkohl Substanzen, die im menschlichen Körper Krebserkrankungen entgegenwirken. Schon aus diesem Grund lohnt sich der Verzehr von reichlich Kohl.

ROTE BETE

Bei der auch oft als Rote Rübe bezeichneten Rote Bete, *Beta vulgaris subsp. vulgaris*, handelt es sich um eine frohwüchsige Gemüseart, die relativ geringe Ansprüche an den Boden und das Klima stellt. Die Bezeichnung „Bete“ leitet sich von dem lateinischen Wort „Beta“ ab, welches Rübe bedeutet. Es existieren sowohl Sorten mit einem annähernd kugel- als auch walzenförmigen Fruchtkörper.

Die Aussaat kann zwischen Ende April und Anfang Juli erfolgen, wobei die Abstände zwischen den Reihen 25 cm betragen sollten. Innerhalb der Reihen vereinzelt man die Rote Bete auf Abstände von 12 cm.

Um Höchsterträge zu erzielen, ist auch bei der Kultur von Roter Bete ein regelmäßiges Gießen und Lockern des Bodens unerlässlich. Für Mischkulturen eignet sich Dill sehr gut, weil er die Keimungsbereitschaft der Roten Bete stimuliert.

Die Erntesaison beginnt Mitte/Ende Juli. Spätestens Anfang November sollten die Rüben aus dem Hochbeet genommen werden. Diese kann man anschließend in einer Erdmiete oder in einer mit Sand gefüllten Kiste in einem kalten (jedoch frostfreien), trockenen Keller einlagern.

Bei den Exemplaren, die man einlagern möchte, dürfen die Blätter nur abgedreht werden. Schneidet man stattdessen den Blattkopf (oberster Teil der Rübe) ab, verliert die Rübe sehr große Mengen ihres wertvollen Saftes. Der Fachmann sagt dann auch, die Rübe verblutet.

ROTKOHL

Ob sich der relativ arbeitsaufwendige Anbau von Rotkohl, *Brassica oleracea var. capitata f. rubra*, in einem Hochbeet tatsächlich lohnt oder man dieses Gemüse doch eher in einem Supermarkt oder beim Gemüsebauern kauft, muss letztlich jeder selbst entscheiden. Fest steht jedoch, dass es sich dabei um ein sehr gesundes Gemüse handelt, welches einen hohen Gehalt an Vitaminen und Mineralstoffen aufweist. Seine violette Färbung verdankt der Rotkohl eingelagerten Farbstoffen, die als Anthocyane bezeichnet werden.

Wie fast alle Kohlarten wird auch Rotkohl nur sehr selten (ab April) direkt im Beet ausgesät, sondern als Jungpflanze vorgezogen. Das Einsetzen ins Hochbeet erfolgt zwischen Ende März und Ende April, wobei pro Pflanze eine Fläche von 50 x 50 cm zu veranschlagen ist.

Um große Köpfe zu bilden, benötigt Rotkohl extrem viele Nährstoffe. Aus diesem Grund sollte er während seines Wachstums dreimal eine Mineraldüngergabe erhalten. Außerdem darf der Boden im Hochbeet nicht verkrusten.

Als gute Partner für eine Mischkultur eignen sich Küchenzwiebeln und Porree.

Je nach Sorte und Anbauzeitpunkt erstreckt sich die Erntesaison von Ende August bis November. Die Vollreife erkennt man daran, dass die Köpfe prall ausgebildet sind und sich dabei sehr fest anfühlen.

SALATRAUKE

Bei der auch als Rucola bekannten Salatrauke, *Eruca sativa*, handelt es sich um eine mit den Kohlarten eng verwandte Pflanze, weshalb man beide nicht als Mischkultur pflegen sollte.

Die Aussaat kann zwischen April und August direkt im Freiland erfolgen. Hierzu werden in 15 bis 20 cm Abstand 1 cm tiefe Rillen gezogen, in welche man das Saatgut bringt. Innerhalb der Reihe sollten die Abstände zwischen zwei Pflanzen 5 cm betragen.

Unter der Voraussetzung, dass eine Bodentemperatur von mindestens 10 bis 12 Grad vorhanden ist, keimt die Salatrauke sehr schnell. Bei späteren Umgebungstemperaturen von 20 Grad oder mehr und einer kontinuierlichen Versorgung mit Gießwasser kann die Ernte der Salatrauke bereits nach 35 bis 40 Tagen beginnen.

Salatrauke eignet sich sehr gut zur Mischkultur mit Küchenzwiebeln, Porree und Sellerie.

SCHWARZWURZEL

Bei der auch als Spanische Schwarzwurzel oder Echte Schwarzwurzel bezeichneten Schwarzwurzel, *Scorzonera hispanica*, handelt es sich um ein sehr feines Gemüse, dessen Geschmack dem von Spargel ähnelt. Allerdings sind beide Gemüsearten nicht näher miteinander verwandt. Ein großer Vorteil, den die Schwarzwurzel gegenüber dem Spargel besitzt, besteht darin, dass sie eine deutlich kürzere Entwicklungsphase bis zur Ernte benötigt (bis zur Ersternte vergehen beim Spargel drei Jahre).

Geerntete Schwarzwurzel

Der Boden im Hochbeet muss für die Kultivierung der Schwarzwurzel nicht nur humusreich, sondern auch locker und sehr tiefgründig sein, um Verzweigungen an den Wurzeln (sogenannte Wurzelmännchenbildung) zu vermeiden. Sehr wichtig ist die Lockerung der Oberfläche des Beetes durch regelmäßiges Hacken. Außerdem darf vor dem Aussäen keine Stallmistdüngung im Hochbeet erfolgen. Stattdessen verabreicht man während der Vegetations-

zeit drei kleinere Mineraldüngergaben, die reichlich Stickstoff, aber nur wenig Kalk enthalten.

Die Aussaat erfolgt direkt im Hochbeet zwischen Anfang März und Anfang Juni, und zwar in Reihen, die 40 cm voneinander entfernt sind. Innerhalb der Reihe wird das Saatgut in Abständen von 6 bis 7 cm etwa 1 cm tief gelegt. Allerdings ist es im Interesse eines möglichst hohen Ertrages ratsam, die Schwarzwurzelsaat so früh wie möglich in die Erde zu bringen.

Die Erntesaison beginnt zwischen September und Oktober. Da Schwarzwurzeln winterhart sind, können sie auch während der kalten Jahreszeit im Beet bleiben und bis in den April des Folgejahres hinein frisch geerntet werden. Um das Erntegut etwas vor der winterlichen Kälte zu schützen, hat es sich als günstig erwiesen, eine dünne Schicht aus Falllaub, Stroh und/oder Nadelreisig darüber zu decken.

TIPP

Schwarzwurzelsamen benötigen manchmal mehr als 3 Wochen zum Auflaufen. Deshalb ist es sinnvoll, an den Reihenanfängen Radieschen oder Steckzwiebeln als Saatmarkierungen auszubringen.

SELLERIE

Vom Sellerie existieren zwei Varietäten, und zwar der Knollensellerie, *Apium graveolens var. rapaceum*, sowie der Stangensellerie, *Apium graveolens var. dulce*.

Der Knollensellerie mag einen sonnigen Standort und humusreiche Böden, die immer ein wenig feucht sind und vor der Kultivierung nicht mit frischem Stallmist gedüngt wurden.

Die Pflanzen werden zwischen Ende Februar und Ende März vorgezogen und ab Ende April ins Hochbeet gesetzt. Dabei sollten die Abstände zwischen zwei Pflanzen etwa 40 x 40 cm betragen.

Obwohl Knollensellerie einen sehr hohen Nährstoffbedarf hat, darf man ihm keine Düngemittel verabreichen, die eine hohe Stickstoffkonzentration enthalten. Derartig hohe Stickstoffkonzentrationen bewirken, dass das Fruchtfleisch nicht weiß bleibt, sondern von bräunlichen Flecken durchsetzt wird. Statt der Verabreichung von zu stark stickstoffhaltigen Düngern hat es sich sehr gut bewährt, Wasser aus einem Gartenteich oder Aquarium zum Gießen zu verwenden. Die in solchem Wasser gelösten Nährstoffe verwertet der Knollensellerie hervorragend und bleibt dabei weißfleischig.

Die Ernte erfolgt zwischen Ende September und Anfang November. Dabei sollte man das Blattwerk nicht in den Komposter werfen. Wesentlich effektiver ist es, dieses mit einem Wiegemesser klein zu hacken und anschließend einzufrieren oder -salzen. Dadurch besitzt man während des gesamten Winterhalbjahres ein ausgezeichnetes Suppengrün.

Im Unterschied zum Knollensellerie bildet der auch als Stauden-, Stiel- oder Bleichsellerie bezeichnete Stangensellerie keine Knollen, sondern dicke weiße bis gelbliche Blattstiele aus, die sich als Gemüse verwenden lassen. Stangenselleries werden als Jungpflanzen vorgezogen und ebenfalls ab Ende April in das Hochbeet gepflanzt. Pro Pflanze muss man eine Fläche von etwa 30 x 20 cm veranschlagen.

Im Interesse eines optimalen Ertrages ist sowohl beim Stangen- als auch Knollensellerie darauf zu achten, dass die Pflanzen im Hochbeet nur genauso tief ins Erdreich gesetzt werden, wie sie davor im Frühbeet gestanden haben. Die Erntesaison des Stangenselleries erstreckt sich von August bis September.

TIPP

Wer rein weiße Stängel von seinem Stangensellerie möchte, sollte diese rund 3 Wochen vor der Ernte bleichen. Zu diesem Zweck nimmt man die Stängel jeder Pflanze garbenartig zusammen und ummantelt sie mit eng anliegender Wellpappe so, dass anschließend nur noch die grünen Blattteile herausragen. Die Ummantelungen fixiert man am oberen und unteren Rand mit Bindfaden.

SPINAT

Beim Spinat, *Spinacia oleracea*, handelt es sich um eine sehr frohwüchsige Pflanze. Sie lässt sich im Hochbeet nicht nur sehr gut als Vor- und Nachfrucht anbauen, sondern eignet sich auch bestens für Mischkulturen mit Radieschen, Blumenkohl, Kresse, Sellerie und Auberginen. Gartenfreunde schätzen Spinat auch deshalb, weil seine Wurzeln bodenlockernd wirken.

HINWEIS

Noch immer kursiert das Gerücht, Spinat würde sehr viel Eisen enthalten. Diese Aussage ist falsch und basiert auf einem Kommafehler. So hat irgendwann jemand statt des tatsächlichen Eisengehaltes von 2,9 mg/100 g 29 mg angegeben. Dieser Fehler wurde lange Zeit nicht bemerkt und so manifestierte sich der Irrtum vom hohen Eisengehalt. Ungeachtet dieses Aspekts enthält Spinat jedoch reichlich Magnesium sowie wertvolle Vitamine aus dem B-Komplex.

Am wohlsten fühlt sich dieses Gemüse in humusreichen Böden, die immer gut gewässert werden. Dies ist eine wichtige Voraussetzung, damit der Spinat zügig wächst. Außerdem hat es sich bewährt, während der Wachstumsphase eine Gabe mineralischen Düngers zu verabreichen. An das Klima stellt Spinat so gut wie keine besonderen Anforderungen.

Die Aussaat kann ab März bis Mitte September erfolgen. Dabei ist ein Reihenabstand von etwa 20 cm einzuhalten. Innerhalb der Reihe benötigen die Saatkörner einen Abstand von 3 bis 4 cm zueinander. Die Erntezeit erstreckt sich von Juni bis Mai des Folgejahres. Für die Ernte im Folgejahr wird sogenannter Winterspinat zwischen August und Mitte September ausgesät. Damit die aufgelaufenen Jungpflanzen von den winterlichen Frösten nicht stärker geschädigt werden, überdeckt man sie bis zu der im Frühjahr einsetzenden Schneeschmelze mit einer Schicht aus Stroh, trockenem Falllaub und/oder Nadelreisig.

TOMATE *(siehe auch Kapitel: Wenn's noch höher werden soll)*

Der Gärtner unterscheidet bei den Tomaten, *Solanum lycopersicum*, zwischen Busch- und Stabtomaten, wobei es sich nur um zwei Wuchsvarianten der gleichen Pflanzenart handelt. Während Buschtomaten nicht unbedingt eine Kletterhilfe in Form eines (Tomaten-)Stabes benötigen, ist dieser für Stabtomaten unbedingt erforderlich.

Tomatenpflanzen werden zwischen Ende März und Mitte April vorgezogen und aufgrund ihrer Frostempfindlichkeit erst nach den Eisheiligen ins Freiland gesetzt. Das (Tomaten-)Hochbeet sollte unbedingt in der Vollsonne stehen und humusreichen lockeren Boden enthalten. Pro Tomatenpflanze muss man eine Fläche von mindestens 60 x 60 cm veranschlagen.

Eine unmittelbar vor den Pflanzen praktizierte Düngung des Hochbeetes mit Stallmist fördert bei den Tomaten zwar die Laubentwicklung, verzögert aber gleichzeitig den Erntebeginn. Deshalb ist es vorteilhafter, den Tomaten während der Wachstumsphase zwei kleinere Gaben mineralischen Düngers zu geben.

Im Interesse hoher Erträge muss man auch regelmäßig das sogenannte Ausgeizen durchführen. Dabei werden die aus den Blattachseln wachsenden kleinen Jungtriebe, die man Geiztriebe nennt, herausgebrochen. Auf diese Weise erreicht man, dass die Pflanzen ihre „Kraft" nicht in ein übermäßiges Laubwachstum, sondern vor allem in die Früchte investieren.

Die an Rispen angeordneten Früchte der Tomaten reifen nicht alle zum gleichen Zeitpunkt, sondern nach und nach. Aus diesem Grund erstreckt sich die Erntesaison von Mitte Juli bis Anfang Oktober.

Das Ausgeizen geschieht in der Weise, dass die Geiztriebe zwischen Daumen und Zeigefinger genommen und dann ausgebrochen werden

WEIßKOHL UND WIRSING

Weißkohl, *Brassica oleracea convar. capitata var. alba*, hat sich noch ein wenig robuster als Rotkohl erwiesen. Ansonsten gleichen sich aber beide Arten hinsichtlich ihrer Kultivierungsansprüche (siehe dazu das Kapitel Rotkohl). Das trifft auch auf den Wirsing, *Brassica oleracea convar. capitata var. sabauda*, zu, der besonders eng mit dem Weißkohl verwandt ist, diesem in der Küche aber häufig vorgezogen wird.

TIPP

Sowohl Wirsing als auch Rot- und Weißkohl lassen sich sehr gut als Wintergemüse in einem trockenen Keller lagern. In diesem sollte die Temperatur möglichst nur 3 bis 4 Grad betragen, weil sich dann die im Wirsing ablaufenden Stoffwechselvorgänge deutlich verlangsamen und dadurch die „Köpfe" länger frisch und knackig bleiben.

Weißkohl

Wirsing

13. KRÄUTERARTEN FÜR DAS HOCHBEET

ANIS

Beim Anis, *Pimpinella anisum*, handelt es sich um ein einjähriges, weiß blühendes Kraut, das zu den Doldenblütlern gehört und ursprünglich aus dem Orient stammt. Es bevorzugt einen kalkhaltigen, schwach feuchten Boden.

Weil der Nährstoffbedarf dieser Pflanze nicht übermäßig hoch ist, sollte keine oder nur eine einmalige mäßige Düngung während der Wachstumsphase erfolgen.

Anis kann ab Mitte März vorgezogen oder ab Mai im Hochbeet ausgesät werden. Weil jedoch die Samen nicht selten bis zum Auflaufen fast einen Monat benötigen, ist das Vorziehen zu favorisieren.

Die Erntesaison erstreckt sich von August bis September. Während dieser Zeit pflückt man die ausgereiften Samen, welche anschließend kühl und trocken gelagert werden.

BASILIKUM

Basilikum, *Ocimum basilicum*, ist einjährig und wird auch als Basilienkraut oder Königskraut bezeichnet. Es handelt sich dabei um ein äußerst beliebtes Küchenkraut mit intensivem scharf-pfeffrigen Geschmack.

Neben krautigem Basilikum mit grünem und rotem Laub existieren auch stärker verholzende Sorten. Letztere werden als Strauchbasilikum bezeichnet.

Unterschiedlich gefärbtes Basilikum

Es besteht sowohl die Möglichkeit, das frostempfindliche Basilikum entweder 2 bis 3 Tage vor dem 15. Mai (Eisheilige) direkt im Freiland auszusäen oder vorgezogene Jungpflanzen nach diesem Termin ins Hochbeet zu setzen.

Um optimal zu gedeihen, benötigt Basilikum unbedingt einen vollsonnigen, windgeschützten Standort in humusreicher, gut wasserdurchlässiger Erde. Basilikum gehört zu den sogenannten Lichtkeimern, weshalb man die Samen nur kräftig mit einer flachen Hand im Saatbett andrücken sollte. Der Anbau kann entweder in Reihen, deren Abstand 15 bis 20 cm zueinander beträgt, oder in Büscheln erfolgen, die einen Durchmesser von etwa 10 cm aufweisen. Gegossen wird nur mäßig. Außerdem ist eine regelmäßige Bodenlockerung sehr wichtig, welche sich positiv auf die Wuchsfreudigkeit des Basilikums auswirkt.

Die Erntesaison erstreckt sich von Juni bis August. Dabei erntet man vorzugsweise nicht die gesamte Pflanze, sondern zupft nur die jungen, endständigen Triebe ab, die besonders zart sind. Weil ständig Triebe nachwachsen, tragen nicht komplett geerntete Exemplare zur Erhöhung der Ertragsmenge bei.

TIPP

Bei einem Anfall von zu viel jungen Trieben empfiehlt es sich, diese mit einem Wiegemesser klein zu hacken und anschließend portionsweise einzufrieren. Des Weiteren besteht die Möglichkeit, das überschüssige Erntegut als Kräuteressig und -öl anzusetzen. Zu diesem Zweck gibt man am besten einige Stängel samt den Blättern in diese Flüssigkeiten. Einen optisch besonders schönen Effekt erreicht man mit roten Basilikumblättern, die den Flüssigkeiten eine weinrote Färbung verleihen.

BERG- UND EINJÄHRIGES BOHNENKRAUT

Als Kräuter kann man zwei Bohnenkraut-Arten anbauen, die über die gleichen geschmacklichen Eigenschaften verfügen und sich deshalb in der Küche zu identischen Zwecken verwenden lassen. Dabei handelt es sich um das Bergbohnenkraut, *Satureja montana*, und das Einjährige Bohnenkraut, *Satureja hortensis*. Letzteres wird auch als Garten-, Sommer-, Gewöhnliches und Echtes Bohnenkraut bezeichnet.

Der wesentliche Unterschied zwischen den beiden Arten besteht darin, dass es sich beim Einjährigen Bohnenkraut – wie es sein Populärname bereits verrät – um eine einjährige, stark verzweigende Pflanze handelt, während das Berg- oder Winterbohnenkraut ein zwei- bis mehrjähriger Halbstrauch ist. Verständlicherweise eignet sich das Bergbohnenkraut besser für die langjährige Kultur im Hochbeet, während das Gewöhnliche Bohnenkraut eher einen zeitlich begrenzten „Lückenfüller" darstellt. Aufgrund seiner hohen Frostempfindlichkeit darf die Aussaat des Gewöhnlichen Bohnenkrauts maximal 4 bis 5 Tage vor den Eisheiligen (15. Mai) oder erst unmittelbar danach erfolgen. Da es zu den Lichtkeimern gehört, drückt man die Samen nur fest mit der Hand im Hochbeet an. Dagegen kann die Aussaat des Bergbohnenkrautes im Hochbeet bereits ab Anfang April stattfinden. Außerdem ist es möglich, beide Arten als Jungpflanzen vorzuziehen und später auszupflanzen.

Beide Bohnenkräuter benötigen einen vollsonnigen, trockenen bis mäßig feuchten Standort, dessen Boden regelmäßig gelockert wird. Die Erntezeit erstreckt sich von Mitte Mai bis Ende September. Dabei sollte man vorzugsweise nur die zarteren Triebspitzen abpflücken, von denen im Anschluss die Blättchen abgezupft werden.

Einjähriges Bohnenkraut

Berg-Bohnenkraut

DILL

Beim Dill, *Anethum graveolens var. hortorum*, der auch als Dille und Gurkenkraut bezeichnet wird, handelt es sich um eine einjährige Pflanze, deren Ursprungsform aus Vorderasien stammt. Die Populärbezeichnung Gurkenkraut irritiert zuweilen etwas, weil sie auch für den Borretsch sehr gebräuchlich ist.

Dill fühlt sich in einem lockeren Bodensubstrat am wohlsten, das stets schwach feucht gehalten wird. Im Hochbeet platziert man ihn möglichst in der Vollsonne, ersatzweise kann die Aussaat aber auch an einer halbschattigen Stelle erfolgen.

Die günstigste Aussaatzeit erstreckt sich von April bis Juni, wobei die Saattiefe 0,5 bis 1 cm betragen sollte. Neben einem Anbau in Reihen, in denen die Körner mit 5 bis 10 cm Abstand gelegt werden, kann man auch eine breitwürfige Aussaat im gesamten Hochbeet praktizieren.

Die Ernte erfolgt zwischen Juli und Oktober. In Abhängigkeit vom späteren Verwendungszweck lässt man die Stängel entweder bis 25 cm hoch werden, um sie im sattgrünen Stadium zu ernten, oder man pflückt diese erst, wenn die Samen ausgebildet sind. In diesem Stadium zeigt der Dill eine gelbgrüne bis gelbe Färbung.

HINWEIS

Trotz der Tatsache, dass Dill genau wie die Karotte zu den Doldenblütlern gehört und zwischen beiden Arten eine enge Verwandtschaft besteht, haben sie sich als akzeptable Nachbarpflanzen erwiesen. So gibt der Dill nicht nur Duftstoffe ab, die zahlreiche Schädlinge von den Karotten fernhalten, sondern er stimuliert auch die Keimbereitschaft von letzteren.

ECHTER SALBEI

Der mehrjährige Echte Salbei, *Salvia officinalis*, wird auch als Garten- und Gewürzsalbei oder nur als Salbei bezeichnet. Es handelt sich dabei um einen in seinen unteren Bereichen allmählich zur Verholzung neigenden Halbstrauch, der zuweilen über 50 cm hoch wird und dessen Wildform aus dem Mittelmeerraum stammt. Von der Kulturform existieren neben grünblättrigen auch Sorten mit gelbem und violettem Laub.

Im Hochbeet fühlt sich Echter Salbei an einem vollsonnigen Standort am wohlsten, wobei der Boden trocken, kalkhaltig und gut wasser- sowie luftdurchlässig sein sollte.

Entweder zieht man ihn im März als Jungpflanze vor oder erwirbt 1 bis 2 Exemplare beim Gärtner. Mehr Pflanzen sind in aller Regel nicht erforderlich, da Salbei bei ihm zusagenden Standortbedingungen zu üppigem Wachstum neigt. Um dieses etwas einzuschränken, empfiehlt es sich, den Salbei nach dem Abklingen der letzten Frühjahrsfröste alljährlich etwas zurückzuschneiden. Zu diesem Zeitpunkt kann man außerdem ein wenig organischen Dünger, sehr gut hat sich Pferdemist bewährt, um den „Fuß" des Salbeis verteilen.

Rechts: Gelbblättriger Salbei

Rechts unten: Graugrünblättriger Salbei

Unten: Violettblättriger Salbei

ESTRAGON

Estragon, *Artemisia dracunculus*, wird auch als Aromatischer, Französischer sowie Deutscher Estragon, Schlangenkraut und Bertram (nicht zu verwechseln mit der Heilpflanze Echter Bertram, *Anacyclus pyrethrum*, und dem Deutschen Bertram, *Anacyclus officinarum*) bezeichnet. Es handelt sich beim Estragon um eine langlebige, wuchsfreudige Staude, die eng mit dem Wermut verwandt ist.

Da sich Estragon als überaus robust erwiesen hat und in der Lage ist, sich schnell an die unterschiedlichsten Umweltbedingungen anzupassen, sollte man überlegen, ob er überhaupt ins Hochbeet gesetzt werden muss oder sich für ihn ein anderer Standort im Garten findet.

Die Aussaat erfolgt zwischen Mitte März und Ende April auf einem Bereich von 40 x 40 cm, wofür sonnige bis halbschattige Standorte mit humusreichem, feuchtem Boden zu bevorzugen sind. Unter derartigen Bedingungen wird der Estragon oft bis 1,5 m hoch und weist dann eine buschige Gestalt auf. Für die Küche erntet man nur die Triebspitzen ab, weil diese etwas zarter sind als die übrigen Blätter.

Im Spätherbst schneidet man die Stängel kurz über dem Boden ab und deckt den Standort möglichst mit etwas Pferdemist zu. Dieser bewirkt im folgenden Frühjahr ein besonders üppiges Austreiben des Estragons.

HINWEIS

Außer dem Deutschen Estragon kann auch der Russische Estragon, *Artemisia dracunculoides*, als Küchenkraut angebaut werden. Im Vergleich zum Deutschen Estragon hat sich der Russische als noch robuster erwiesen, ist dafür aber weniger geschmacksintensiv.

GARTENKRESSE

Bezüglich ihrer Keim- und Wachstumsgeschwindigkeit kann man die auch als Kresse bezeichnete Gartenkresse, *Lepidium sativum*, als den Hochgeschwindigkeitssprinter unter den Gartenkräutern ansehen. Typisch für diese Pflanze ist ihr leicht scharfer Geschmack. Gleichzeitig enthält sie sehr viel Vitamin C, Vitamin A-Vorstufen sowie Kalzium und Eisen.

Die Gartenkresse hat sich als eine wenig anspruchslose Pflanze erwiesen, die auf nahezu jedem Boden und sogar an schattigen Stellen noch zufriedenstellend gedeiht. Wer allerdings an einer sehr schnellen Ernte interessiert ist, kultiviert sie im Hochbeet an einem sonnigen, feuchten Standort, in einem lockeren, humusreichen Bodensubstrat. In Letzteres kann zusätzlich etwas organischer Dünger eingegraben werden, wobei sich Pferde- und Rindermist besonders gut eignen.

Die Aussaat erfolgt von Anfang April bis Mitte September entweder breitwürfig oder in Reihen, deren Abstand zueinander 15 cm beträgt. Da Kresse ein Lichtkeimer ist, werden die Samen nur mit der flachen Hand auf dem Erdreich angedrückt. Um den Keimungsprozess noch mehr zu beschleunigen, kann eine Klarsichtfolie über die Samen gelegt werden, die gleich nach der Keimung entfernt wird.

Eine erste Ernte ist in Abhängigkeit von den Temperaturen oft schon 7 bis 10 Tage nach dem Aussäen möglich. Dann kann ein Teil der 3 bis 4 cm hohen, sehr zarten Pflänzchen abgeschnitten werden. Wer kräftigere, massereichere Exemplare bevorzugt, wartet mit der Ernte noch weitere 1 bis 3 Wochen. Während dieser Zeit erreicht die Kresse zumeist Wuchshöhen von 20 oder mehr Zentimetern.

Kresse gehört zu den stark selbstunverträglichen Arten, weshalb es nicht ratsam ist, sie mehrfach nacheinander auf dem gleichen Standort zu platzieren. Bei der Kultivierung in einem Kräuter-Hochbeet sollte man es außerdem vermeiden, Kresse als Nachbarpflanze des Dills zu pflegen, weil beide Arten nicht gut miteinander harmonieren.

GROẞE KAPUZINERKRESSE

Bei der Großen Kapuzinerkresse, *Tropaeolum majus*, handelt es sich um eine ursprünglich in Mittel- und Südamerika heimische mehrjährige Pflanze. Aufgrund ihrer fehlenden Frosthärte wird sie in Mitteleuropa nur als einjährige Kultur angebaut.

Von der Großen Kapuzinerkresse sind sowohl die Blüten als auch die Blätter essbar, welche einen an Senf erinnernden Geschmack haben, jedoch milder als dieser sind.

Die Große Kapuzinerkresse bevorzugt im Hochbeet nicht nur vollsonnige Standorte, die sich vorteilhaft auf ihre Blühwilligkeit auswirken, sondern benötigt auch eine Rankhilfe. Außerdem sollte die Große Kapuzinerkresse im Interesse eines reichlichen Blattansatzes stets kontinuierlich gegossen werden. Diese Wassergaben sind nicht „über Kopf", sondern in die Nähe der „Füße" zu verabreichen. Die Jungpflanzen werden ab März vorgezogen, wobei es sich bewährt hat, die relativ großen Samen vor dem Einbringen in die Erde ein paar Stunden in lauwarmem Wasser quellen zu lassen. Dadurch verringert man die Zeitspanne bis zur Keimung, welche oft 4 Wochen dauert, häufig um 7 Tage. Die Saattiefe beträgt 1 cm und der Saatabstand der einzelnen Samen zueinander etwa 10 cm. Das Auspflanzen ins Hochbeet darf erst nach den Eisheiligen erfolgen, wobei pro Pflanze eine Beetfläche von 15 x 15 cm zu veranschlagen ist.

Große Kapuzinerkresse eignet sich auch sehr gut als Mischkulturpartner für Tomaten, Kohl, Mangold und Petersilie.

4 Wochen nach der Pflanzung kann mit dem Ernten der Kapuzinerkresse begonnen werden. Dabei sollte man nicht die ganzen Pflanzen (mit einer scharfen Schere) abschneiden, sondern von jedem Exemplar immer nur ein paar Blätter. Durch ein derartiges Ernten liefert die Große Kapuzinerkresse bis zum Einsetzen der ersten Fröste kontinuierlich frisches Grün.

KERBEL

Beim Kerbel, *Anthriscus cerefolium*, auch als Echter oder Gartenkerbel bezeichnet, handelt es sich um eine Pflanze, deren Wildform aus Südeuropa und der Kaukasusregion stammt. Als Standorte eignen sich sonnige und halbschattige Stellen, die über ein humusreiches, lockeres, leicht feuchtes Bodensubstrat verfügen.

Die Aussaat erfolgt zwischen Ende März und Mitte April direkt im Hochbeet, wobei ein Reihenabstand von 20 cm empfehlenswert ist. Innerhalb der Reihen hat sich ein Aussaatabstand von 10 cm bewährt. Falls man ständig die frischen Blätter des Kerbels für die Küche benötigt, ist es ratsam, eine zweite Aussaat (zwischen Mai und Juni) sowie eine dritte (zwischen Mitte August und September) zu praktizieren. Da Kerbel ein Lichtkeimer ist, werden die Samen auf der Beetoberfläche verteilt und lediglich mit der flachen Hand angedrückt. Seine Blätter sollte man möglichst vor der Blühphase ernten, weil sie dann das beste Aroma haben, welches an Anis erinnert.

Kerbel hat sich als eine sehr gute Nachbarpflanze für Kopfsalat erwiesen, weil sein Duft außer Blattläusen und Ameisen auch Schnecken vertreibt.

KNOBLAUCH

Beim Knoblauch, *Allium sativum*, handelt es sich um ein Zwiebelgewächs, das man in gewisser Weise sowohl als Gemüse sowie als Küchenkraut ansehen kann. Darüber hinaus besitzt Knoblauch noch zahlreiche medizinisch-therapeutische sowie prophylaktische Wirkungen.

Im Hochbeet stellt er eine ideale Nachbarpflanze für Erdbeeren, Gurken, Karotten, Rote Bete und Tomaten dar, weil seine abgegebenen Geruchsstoffe zahlreiche Schädlinge von diesen Kulturen fernhalten. Lediglich neben Hülsenfrüchten und Kohlarten sollte Knoblauch nicht platziert werden.

Knoblauch kann man entweder aussäen oder als Zehen stecken. Als Standort eignet sich am besten ein lockeres, humusreiches, schwach feuchtes Bodensubstrat. Die Aussaat/das Stecken ist sowohl im September/Oktober als auch im März möglich. Der Vorteil des Herbstanbaus besteht darin, dass man größere Zwiebeln erzielt und damit mehr Fruchtmasse. Obwohl Knoblauch als winterhart gilt, hat es sich trotzdem bewährt, den Standort während der kalten Jahreszeit mit einer Laub- oder Strohschicht abzudecken.

Knoblauchzwiebel

Die Kultivierung erfolgt in Reihen, deren Abstand zueinander 20 bis 25 cm beträgt. Innerhalb der Reihen werden die Samen im 15-cm-Abstand gelegt (beziehungsweise die Zehen gesteckt). Dabei ist unbedingt darauf zu achten, dass die Spitze der Zehen nach oben weist. Während man die Zehen etwa 5 bis 6 cm ins Erdreich steckt, werden für die Samen Saatrillen von 1,5 cm Tiefe gezogen.

Regelmäßiges Gießen fördert die Entwicklung und das Wachstum des Knoblauchs. Die Ernte erfolgt zwischen Mitte September und Mitte/Ende Oktober.

KORIANDER

Koriander, *Coriandrum sativum*, wird auch als Asiatische Petersilie bezeichnet und besitzt ein sehr kräftiges süß-herbes Aroma. Von ihm lassen sich sowohl die Blätter als auch die reifen Samen verwenden. Obwohl diese Pflanze sonnige, windgeschützte Standorte bevorzugt, gedeiht sie auch im Halbschatten noch zufriedenstellend. Außerdem mag sie lockeren, kalkhaltigen Boden.

Im Hochbeet erfolgt die Aussaat zwischen April bis Juni in Reihenabständen von 20 cm, wobei die Saatrillen 1 cm tief sein sollten. Anschließend werden die Samen nur schwach mit Erde bedeckt. Nachdem die Jungpflanzen aufgelaufen sind, vereinzelt man sie auf Abstände von etwa 15 cm. Da das Nährstoffbedürfnis des Korianders schwach bis mittelhoch ist, benötigt diese Kultur auf humusreichen Böden keine Düngung.

Wer möchte, kann Koriander auch ab Februar in einem Frühbeet vorziehen und ab Mitte April ins Hochbeet setzen, wobei die Pflanzen gegen leichte Fröste nicht empfindlich sind.

KRAUT DER UNSTERBLICHKEIT

Beim Kraut der Unsterblichkeit, *Gynostemma pentaphyllum*, auch als Jiaogulan bezeichnet, handelt es sich um eine mehrjährige, aus Asien stammende Staude. Aufgrund ihrer Heilwirkung bei stressbedingten Krankheiten erfreut sie sich auch in Europa einer wachsenden Beliebtheit.

Sie bildet lange Klettertriebe aus, die im Extremfall über 3 Meter hoch werden können. Aus diesem Grund hat es sich bewährt, wenn sich das Hochbeet an einer Hauswand oder der Terrasse befindet, wo man das Kraut der Unsterblichkeit an einem Spalier in die Höhe leiten kann.

Im Spätherbst sterben die oberirdischen Pflanzenteile zwar bis auf Bodenhöhe ab, aber die verdickten Speicherwurzeln überdauern den Winter unbeschadet und treiben im nächsten Frühling wieder aus. Am besten gedeiht das relativ anspruchslose Kraut der Unsterblichkeit in der Vollsonne oder im Halbschatten, wobei es lockere, humusreiche, mäßig feuchte Böden bevorzugt. Um den Nährstoffbedarf der Pflanze zu decken, hat es sich bewährt, ihr während der Wachstumsphase zwei Mineraldüngergaben zu verabreichen.

Man kann die Pflanze entweder zwischen April und Mai im Hochbeet aussäen oder vorgezogene Exemplare in der Gärtnerei erwerben. Als Anbaufläche sind pro Pflanze mindestens 40 x 40 cm zu veranschlagen.

Die Ernte ist ab Mitte Juli möglich, wobei man keinen „Kahlschlag“ praktizieren sollte, sondern nur Blätter/kleine Ranken von jeder Pflanze abschneidet. Das Grün wächst anschließend schnell wieder nach.

KÜMMEL

Der auch als Echter und Wiesen-Kümmel bezeichnete Kümmel, *Carum carvi*, war ursprünglich im Mittelmeerraum, dem Nahen Osten und Nordafrika beheimatet. Es handelt sich um eine zweijährige krautige Pflanze mit aufrechtem Wuchs, von der die Samen sowohl in der Küche als auch in der Volksmedizin Verwendung finden.

Kümmel wächst am besten in der Vollsonne und im Halbschatten. Er benötigt ein feuchtes, tiefgründiges und nährstoffreiches Bodensubstrat. Deshalb hat es sich auch bewährt, der Pflanze während der Wachstumsphase eine Mineraldüngergabe zu verabreichen.

Die Aussaat erfolgt in Reihen, die 30 cm Abstand zueinander aufweisen sollten. Innerhalb der Reihe ist ein Saatabstand von 15 cm einzuhalten. Da Kümmel ein Lichtkeimer ist, werden die Samen nicht mit Erde überdeckt, sondern nur mit der flachen Hand angedrückt. Um zu vermeiden, dass Vögel die Samen aufpicken, kann bis zum Keimen eine transparente Folie über die Saatreihen gelegt werden.

Die Ernte der Samen erfolgt erst im zweiten Jahr – zumeist im Juli/August. Dazu werden die Samenstände abgeschnitten, sobald die Früchte dunkelbraun sind. Anschließend lässt man sie noch 2 bis 3 Wochen an einer schattigen Stelle nachreifen, an der die Luft gut zirkuliert.

MAJORAN

Beim Majoran, *Origanum majorana*, handelt es sich um einen Halbstrauch, dessen ursprüngliche Heimat sich vom Mittelmeerraum bis Westasien erstreckte.

Weil diese Pflanze ein wichtiges Gewürz bei der Herstellung zahlreicher Wurstsorten war/ist, wird es im Volksmund auch oft als Wurstkraut bezeichnet. Majoran gedeiht am besten in der Vollsonne und mag gut wasserdurchlässige Böden mit hohem Kalkanteil.

Die Pflanzen können entweder ab Mitte März im Frühbeet vorgezogen werden oder man sät sie ab dem 15. Mai als Direktsaat im Hochbeet aus. Da Majoran zu den Lichtkeimern gehört, wird das Saatgut nur mit der flachen Hand angedrückt oder mit etwas Sand zart überstreut. Der Saatabstand zwischen zwei Reihen sollte 15 cm betragen. Innerhalb der Reihe vereinzelt man die Pflanzen auf Abstände von 20 bis 25 cm. Außerdem besteht die Möglichkeit, Exemplare im Fachhandel zu erwerben.

Majoran gehört zu den langsam wachsenden Arten, kann jedoch im Laufe der Jahre bis 80 cm hoch werden. Seine frischen Triebe lassen sich während des ganzen Sommers ernten, wobei das Aroma in den Blättern zu Beginn der Blüte besonders ausgeprägt ist.

Majoran ist nicht frosthart. Deshalb hat es sich bewährt, die Pflanze vor dem Einsetzen der ersten Fröste aus dem Hochbeet zu nehmen und als Topfkultur in einem hellen, frostfreien Raum zu überwintern. Im folgenden Jahr wird er nach den Eisheiligen wieder ins Hochbeet zurückgesetzt. Dabei muss bedacht werden, dass Majoran stark selbstunverträglich ist. Aus diesem Grund darf die Pflanze nicht wieder an dem Vorjahresstandort platziert werden.

OREGANO

Oregano, *Origanum vulgare*, auch als Wilder Majoran, Staudenmajoran und Echter Dost bezeichnet, weißt im Unterschied zu dem etwas süßlicheren Majoran einen leicht herben Geschmack auf. Aus der Bezeichnung Staudenmajoran lässt sich bereits erahnen, dass es sich beim Oregano um eine ausdauernde Pflanze handelt, die unter günstigen Umweltbedingungen ein wenig zum Wuchern neigt. Deshalb sollte die Pflanze im Frühjahr gegebenenfalls zurückgeschnitten beziehungsweise abgestochen werden.

Die Erstkultivierung erfolgt genau wie beim Majoran, entweder ab Mitte März im Frühbeet oder man sät den Oregano Anfang Mai im Hochbeet aus.

Damit Oregano optimal gedeiht, benötigt er einen sonnigen, trockenen, möglichst kalkreichen Standort. In Gebieten mit sehr kalten Wintern hat es sich außerdem bewährt, den Oregano mit einem Frostschutz aus einer Stroh-Falllaub-Schicht zu versehen.

Neben normalem grünblättrigen Oregano existieren auch Sorten mit weiß umrandeten sowie gelben Blättern, die als Gold-Oregano bezeichnet werden. Diese Sorten lassen sich wie normaler Oregano verwenden. Sowohl Majoran als auch Oregano eignen sich sehr gut für Mischkulturen mit Karotten, Porree, Tomaten und Zwiebeln.

PETERSILIE UND WURZELPETERSILIE

Bei der Petersilie, *Petroselinum crispum*, handelt es sich um eine anderthalbjährige Pflanze, deren Blätter sehr hohe Mengen an Vitamin C enthalten. Neben Sorten mit stark gekräuselten Blättern existieren auch Züchtungen und Unterarten, wie etwa die italienischen Petersilien (eine sehr beliebte Sorte ist ‚Gigante d´Italia') mit ungekräuselten Blättern, die als Blatt-Petersilien bezeichnet werden. Deren Laub ähnelt denen von Liebstöckel und Sellerie. Blatt-Petersilien sind nicht nur geschmacksintensiver, sondern auch deutlich robuster und weniger schädlingsanfällig als die kräuselblättrigen Sorten. Beispielsweise wird die italienische Petersilie fast nie von der Weißen Fliege befallen. Außerdem erweist sie sich oft als eine sehr vorteilhafte Alternative, wenn die Kultivierung anderer Petersilien nicht/nur sehr schlecht gelingt.

Wurzelpetersilie

Italienische Petersilie

Neben diesen Blattpetersilien existiert eine Unterart (*Petroselinum crispum subsp. tuberosum*) mit stark verdickten, essbaren Wurzeln, die deshalb als Wurzel- oder Knollenpetersilie bezeichnet wird. Unabhängig davon, dass diese Unterart primär wegen ihrer Wurzeln angebaut wird, lassen sich die Blätter – genau wie von den Blattsorten – in der Küche verwenden.

Die Aussaat der Petersilie, die bis zum Auflaufen oft 2 bis 4 Wochen benötigt, kann ab Ende März erfolgen. Als Reihenabstände genügen für die Blattkulturen 20 cm, während für die Wurzelsorte 25 cm empfehlenswert sind. Bei den Blattsorten ist außerdem eine breitwürfige Aussaat möglich. Als Saattiefen sind 0,5 bis 1 cm ideal. Am wohlsten fühlen sich Petersilien auf vollsonnigen bis halbschattigen Standorten, die ein humusreiches, lockeres Bodensubstrat aufweisen. Damit die Petersilie optimal gedeiht, muss sie sowohl vor als auch nach dem Auflaufen regelmäßig gegossen werden. Bei vorjährig angebauten Pflanzen kann die Ernte im Mai beginnen, während bei Petersilien, die im selben Jahr gesät wurden, Mitte/Ende Juni der erste Erntezeitpunkt ist.

Gute Nachbarpflanzen für Blattpetersilien sind Zwiebeln, Porree, Tomaten, Erdbeeren und Gurken. Dagegen fühlt sich Wurzelpetersilie in der Nähe von Grünkohl, Endivien, Roter Bete und Spinat besonders wohl.

ROSMARIN

Rosmarin, *Rosmarinus officinalis*, ist ein immergrüner Halbstrauch, der über 1,5 m hoch werden kann und dessen ursprüngliches Verbreitungsgebiet sich auf die Mittelmeerregion erstreckte. Zum optimalen Gedeihen benötigt Rosmarin einen sonnigen, warmen Standort und ein lockeres, relativ trockenes, nährstoffarmes Bodensubstrat. Unter den klimatischen Bedingungen Mitteleuropas hat sich diese Pflanze allerdings als nicht völlig winterhart erwiesen. Wenngleich man in klimatisch milden Gegenden versuchen kann, diese Pflanze im Freiland zu überwintern, indem man sie dick in Stroh und Falllaub „einpackt“, besteht keine Garantie, dass sie der winterlichen Kälte tatsächlich trotzt. Deshalb ist es ratsam, Rosmarin erst nach den Eisheiligen ins Freiland zu setzen und vor dem Einsetzen der ersten Herbstfröste wieder auszugraben, um ihn in einem hellen Raum zu überwintern.

Ende März sollte man alle Triebe aus dem Vorjahr stark zurückschneiden, damit der Strauch seine kompakte Wuchsform beibehält. Eine Düngung ist nach dem Auspflanzen ins Freiland nicht erforderlich.

Rosmarin kann man ab März aus Samen vorziehen. Dabei ist zu beachten, dass es sich um einen Lichtkeimer handelt, weshalb die Samen nur mit der flachen Hand auf der Erdoberfläche angedrückt werden. Außerdem ist es möglich, vorgezogene Pflanzen im Fachhandel zu erwerben. Eine weniger bekannte Vermehrungsvariante erfolgt durch sogenannte Stecklinge. Zu diesem Zweck werden etwa 10 cm lange Triebe, die im unteren Bereich schwach verholzt sind, von einem Rosmarinstrauch abgeschnitten. Bevor man diese Triebe in Anzuchterde steckt, entfernt man im unteren Bereich (etwa 5 cm) sämtliche Blätter. Sobald die Stecklinge in der Erde sind, feuchtet man diese an und stülpt eine transparente Plastiktüte darüber, sodass ein „Minigewächshaus“ entsteht. Wenn sich die Stecklinge bewurzelt haben, bilden sie neue Blätter und können verpflanzt werden.

SCHNITTLAUCH

Schnittlauch, *Allium schoenoprasum*, wird regional auch als Binsenlauch, Graslauch, Jakobszwiebel, Schnitter oder Schnittling bezeichnet. Es handelt sich bei ihm um eine robuste Staude, die sich relativ gut unterschiedlichen Umweltbedingungen anpassen kann. Ungeachtet dessen besiedelt Schnittlauch unter natürlichen Bedingungen oftmals feuchte bis staunasse Standorte. Aus diesem Grund sollte man bei den ansonsten kaum erforderlichen Pflegemaßnahmen nie am Gießwasser sparen, um üppig sprießende Exemplare zu erhalten. Wenngleich diese Pflanze auch im Schatten noch recht zufriedenstellend gedeiht, fühlt sie sich an vollsonnigen bis halbschattigen Standorten deutlich wohler. Ideal ist ein leicht kalkhaltiger, humoser Boden.

Die Aussaat kann zwischen Ende März und Anfang April in einer Tiefe von 0,5 cm erfolgen, wobei der Anbau häufig nicht in Reihen, sondern als flächiger Bestand auf einer Beet-Oberfläche von 30 bis 40 x 15 cm erfolgt. Ebenso wird Schnittlauch gern als kompakter Busch kultiviert, dessen Durchmesser 20 bis 25 cm beträgt. Bei Saatgut kann man in Abhängigkeit von individuellen Vorlieben zwischen fein- und grobröhrigen Sorten wählen.

Ebenso ist es möglich, aus einem 3 bis 4 Jahre alten Schnittlauchbestand Teile abzustechen, um diese an einem neuen Standort einzupflanzen.

Die Erntesaison beginnt Mitte/Ende April und erstreckt sich bis zum Oktober. Außer den Stängeln sind auch die Knospen und die violetten Blüten essbar, welche sich sehr gut zum Garnieren eignen. Im Spätherbst schneidet man den Schnittlauch 3 cm über dem Boden ab und überdeckt ihn mit einer kräftigen Schicht Falllaub. So geschützt, treibt er im folgenden Frühjahr ein paar Tage zeitiger aus. Nach der Schneeschmelze erhält der Schnittlauch eine Mineraldüngergabe.

Wer in den Wintermonaten nicht auf frischen Schnittlauch verzichten möchte, sticht im Herbst ein paar Stücke des zurückgeschnittenen Bestandes ab und setzt sie in Blumentöpfe. Diese werden auf einer Fensterbank platziert, sodass der Schnittlauch auch in den dunklen Wintermonaten noch relativ viel Licht bekommt und deshalb schnell neue Blätter treibt.

Im Hochbeet kultiviert, bietet sich Schnittlauch als gute Nachbarpflanze für Karotten, Erdbeeren und Salbei an, während er sich in der Nähe von Kohl, Porree, Knoblauch und Zwiebeln nicht sonderlich wohl fühlt.

SÜßDOLDE

Bei der Süßdolde, *Myrrhis odorata*, handelt es sich um eine Staude, die bis zu 60 cm, in Ausnahmefällen sogar bis zu 2 m hoch wird. Das ursprüngliche Verbreitungsgebiet der Wildform erstreckte sich von den Pyrenäen über die Apenninen bis zum Balkan und Kaukasus.

Im Unterschied zu den meisten anderen Pflanzen, möchte sie im Hochbeet keinen vollsonnigen, sondern einen halbschattigen Standort haben. Man kann auch überlegen, ob tatsächlich Platz im Hochbeet für diese Pflanze „geopfert" werden soll oder im Garten ein passender ebenerdiger Standort für sie vorhanden ist. Das Bodensubstrat muss für die Süßdolde humusreich, stets schwach feucht und vor allem kalkhaltig sein.

Sämtliche Teile der Süßdolde weisen einen Geschmack auf, der an Anis erinnert. Pro Pflanze ist im Hochbeet ein Platz von 70 x 70 cm zu veranschlagen. Entweder erwirbt man im Fachhandel eine entsprechende Menge an Pflanzen (in der Regel dürfte ein Exemplar zur Deckung des Familienbedarfs vollkommen ausreichen) oder zieht diese ab Februar in einem Frühbeet vor.

THYMIAN

Thymian, *Thymus vulgaris*, auch Echter Thymian, Römischer Quendel, Kuttelkraut oder Gartenthymian genannt, ist ein Halbstrauch, der aus der Mittelmeerregion stammt. Unter den klimatischen Bedingungen Mitteleuropas hat er sich zwar als winterhart, jedoch gleichzeitig sehr empfindlich gegen Nässe erwiesen.

Am wohlsten fühlt sich diese Pflanze an einem sonnigen Standort mit kalkhaltigem, lockerem, weitgehend trockenem Bodensubstrat.

Man kann Thymian entweder ab Ende Februar in einem Frühbeet vorziehen oder ab Mitte April direkt im Hochbeet aussäen. Dabei gilt es zu beachten, dass Thymian zu den Lichtkeimern gehört, weshalb das Saatgut nur mit der flachen Hand auf den Boden gedrückt wird. Eine weitere Möglichkeit besteht darin, Thymianpflanzen beim Gärtner zu erwerben und anschließend ins Hochbeet zu setzen.

In der Regel genügen 1 bis 3 dieser Halbsträucher, um den Bedarf einer Familie zu decken. Zwischen zwei Exemplaren sollte ein Pflanzabstand von 25 cm eingehalten werden. Aufgrund seines relativ geringen Nährstoffbedarfs benötigt Thymian keine Düngergaben.

Beim Thymian sollte man im Frühjahr die Zweige um ein Drittel kürzen. Auf diese Weise stimuliert man die Pflanzen zu neuem Austrieb, wodurch sie nicht nur kräftig bleiben, sondern auch eine kompakte Wuchsform ausbilden. Die beste Erntezeit, bei der man die Triebspitzen mit einem Messer abschneidet, erstreckt sich von Juni bis Juli.

Obwohl Thymian frosthart ist, decken ihn manche Gartenfreunde während der Wintermonate mit einem Vlies ab. Dadurch wird zumeist ein winterlicher Blattabwurf verhindert.

YSOP

Bei dem auch als Essigkraut bezeichneten Ysop, *Hyssopus officinalis*, handelt es sich um einen bis zu 60 cm hoch werdenden Halbstrauch, der aus Nordafrika stammt und sich unter mitteleuropäischen Bedingungen als winterhart erwiesen hat. Unabhängig davon hat es sich als vorteilhaft erwiesen, Ysop im Spätherbst mit ein paar Nadelreisern oder einem Vlies abzudecken.

Um gut zu gedeihen, benötigt Ysop einen vollsonnigen Standort mit einem kalkhaltigen, trockenen Bodensubstrat.

Ysop wird entweder zwischen März und April in einem Frühbeet vorgezogen oder man kauft im Mai 1 bis 2 Pflanzen beim Gärtner, die anschließend in Abständen von 30 cm ins Hochbeet gesetzt werden. Wer Ysop aussäen möchte, muss beachten, dass die Pflanze ein Lichtkeimer ist und deshalb das Saatgut nur mit der flachen Hand am Boden angedrückt wird.

Ysop hat keine besonders hohen Nährstoffansprüche, weshalb es völlig ausreichend ist, wenn einmal pro Jahr an den Standorten der Pflanzen etwas Komposterde verteilt wird. Das Erntegut sind die Triebspitzen, die man vorzugsweise zwischen Juli und August abschneidet.

TIPP

Ysop verbreitet einen sehr intensiven Duft, der Schnecken und auch oft Blattläuse fernhält, aber gleichzeitig Schmetterlinge anlockt.

14. JAHRES-ARBEITS-KALENDER FÜR DIE BEWIRTSCHAFTUNG VON HOCHBEETEN

Der folgende Kalender gibt an, welche gärtnerischen Arbeiten anfallen, die direkt oder indirekt mit dem Hochbeet in Zusammenhang stehen.

JANUAR-FEBRUAR-MÄRZ

Das ist die beste Zeit, um eventuell kleine Reparaturarbeiten am Hochbeet vorzunehmen.

Nachkauf, Neukauf, Reparatur von Gartengeräten/Utensilien, die zur Bewirtschaftung des Hochbeetes nötig sind.

Erstellen eines Bepflanzungsplans (für die gesamte Vegetationsperiode), dabei auf Verträglichkeiten/Unverträglichkeiten achten, die zwischen den Pflanzen bestehen.

Beschaffung von Saatgut.

Beschaffung von mineralischem Dünger, zu dem auch Kalk gehört.

Nachfüllen von Komposterde, Anlegen von neuen Beeten, in welches organisches Material und Erde schichtweise eingefüllt werden.

Ernten von Gemüse, zum Beispiel Rosenkohl, der über den Jahreswechsel hinaus stehen geblieben ist.

Vorziehen von Pflanzen, die ab April oder bei frostempfindlichen Arten nach den Eisheiligen ins Hochbeet gesetzt werden.

APRIL-MAI-JUNI

Entfernen winterlicher Abdeckungen, wie etwa Nadelreisig, von empfindlichen Kulturen.

Einsetzen von vorgezogenen Pflanzen beziehungsweise Direktaussaaten ins Hochbeet.

Gießen nach den Bedürfnissen der Pflanzen beziehungsweise in Abhängigkeit vom Regen, der in der jeweiligen Zeit fällt.

Kontinuierliche Bodenlockerung (Hacken mit entsprechenden Handgeräten) und Unkrautbekämpfung (Jäten)

Bekämpfung von tierischen und pflanzlichen Schädlingen, vorzugsweise mit Mitteln, die aus naturbelassenen Substanzen hergestellt wurden.

Abdecken von Kulturen/Lichtkeimer-Samen, die von Vögeln gefressen werden.

Verabreichen von Dünger, entsprechend den Bedürfnissen der Pflanzen.

Ernte schnellwüchsiger Kulturen, wie etwa Radieschen und Kresse. Unmittelbar nach dem Abernten wird das Hochbeet für die Aussaat/Anpflanzung einer Folgekultur hergerichtet.

JULI-AUGUST-SEPTEMBER

Das ist die Haupterntezeit für viele Kulturen. Überlegen, wie diese verarbeitet werden sollen, sodass man gegebenenfalls im Vorfeld beispielsweise genügend Einweckgläser erwirbt und/oder Kapazität im Tiefkühlschrank schafft.

Weiterhin das Hochbeet ausreichend mit Wasser versorgen und Bodenlockerungen vornehmen.

Vielen Arten, die erst deutlich später reifen, wie etwa Grünkohl, wird eine zweite Mineraldüngergabe verabreicht.

Nach dem Abernten das Hochbeet noch einmal mit schnellwüchsigen Kulturen bestücken.

OKTOBER-NOVEMBER-DEZEMBER

Spät reifende Kulturen ernten.

Abdecken etwas kälteempfindlicher Arten mit Vlies, Nadelreisig, Falllaub und/oder Stroh.

Kompost bewirtschaften, indem dieser ausgesiebt wird und im Frühjahr zum Auffüllen/Neubefüllen des Hochbeetes bereitsteht.

Zusammenrechen von Falllaub zum Befüllen des Hochbeetes oder zum Kompostieren.

Grobzerkleinern von Gehölzschnitt, der im Folgejahr zum Befüllen eines Hochbeetes mit verwendet werden soll.